\不戰而勝/ 的柔性溝通學

擊敗職場討厭鬼

山崎洋實／著

前言

走進書店，店裡總是陳列著許多書籍。事實上，我每次要找自己的書都要花上許多力氣。因此，我打從心底感謝你拿起本書。

經過嚴酷的求職過程，進入自己滿心期待的公司，相信你也會有各種工作的煩惱，例如職場人際關係碰壁、工作不順等。學生時代我們可以挑選朋友，但成為社會人之後，就無法選擇共事對象了。在職場上，有許多世代、性別與生長環境完全不同的人。每天和這些人一起工作，相信有些人多少會感到人際關係所帶來的壓力。這時，你是不是會想和自己處不來的人一分勝負，藉此解決困境呢？若你有類似的困擾，我希望能提供一些意見給你，因此提筆寫下本書。

我是山崎洋實，大家都叫我阿洋教練。我從十一年前開始從事人際溝通教練引導，其中又以媽媽講座為主。教練引導（Coaching，利用提問與反饋，開發工作者的技巧與潛力）是一種溝通方式，透過對話引導出對方自動自發的行動。至今參加講座的人數共約五萬人次，每年都會在日本全國各地舉辦約一百五十次以上的研習營。

從身邊同為媽媽的朋友開始起步的講座，透過口耳相傳，轉眼之間擴展到全國。受到電視、雜誌報導的機會也隨之增加，寫的書也已經來到第七本。除此之外，國外的講座也會邀請我參加。

咦，你問我媽媽講座的溝通教練怎麼會寫商管書？太好了，我就是在等這個問題！

答案很簡單，其實，「溝通的本質都是相同的」。

許多職業婦女媽媽都來參加我的講座，相當令人感激的是，她們還告訴我「妳的講座除了對育兒有幫助，更棒的是我聽了之後，也學會用不同方法應對在職場上處不來的人」、「好想讓上司和同事也來聽這個講座」，委託我協助企業研習的案件也增加了。

在企業研習時，我講的內容跟媽媽講座是一樣的。基本上會講很多媽媽講座的內容，再穿插職場的案例，學員的反應幾乎都是「很滿意」。

所謂的溝通其實有兩種。相信許多人聽到溝通，腦中浮現的都是「與別人」的溝通，不過，其實還有一種我非常重視的技巧，就是一個人「與自己」的溝通。想要和別人順利來往，首先必須和自己的情緒好好相處。如此一來，和周遭的人溝通時自然也會更加順利。

本書將我在媽媽講座使用的理論觀點轉變為適用於商務場合，說明社會人遇到的種種問題之應對方式。每一個訣竅都非常簡單，可以馬上應用。我不擅長思考難題，因此，我提出的理論都非常簡單。

不過，我只有一件事想拜託各位。請讀者一定要理解「知道」和「做到」是兩回事。希望各位讀了本書後，別只是停留在「知道」，而是能在日常生活中實踐，直到「做到」為止。

讀完一本書之後，我們可能會說著「喔，原來如此」，進而接受書中的說法。然而，過了三天就會把書中的內容忘光。希望各位別忘光本書的內容，只要覺得書中有「真不錯」、「想試試看」的方法，就持續嘗試。不僅是實踐，我更希望各位能了解溝通的基礎是「**精神**」。

舉例來說，以前曾流行過一個據說超級業務員都會使用的理論：訪問客戶家時，在放下公事包前必須在包包下面墊一條手帕。

有一個業務員得知這個方法，心想「原來如此，只要在公事包下面墊手帕就好了！」立刻就去買了手帕，隔天馬上開始使用同一個方法。

各位猜猜，這個業務員的業績提升了嗎？很遺憾的，答案是「ＮＯ」。為什麼？因為這個業務員只是有樣學樣。模仿高手的「行動」，當然不是壞事，俗話說，「模仿是學習的開始」。不過，比起模仿別人的行動，更重要的是了解對方採取行動時的「**精神**」。

為什麼超級業務員會把公事包放在手帕上面呢？理由是他很貼心，不想弄髒客戶家裡的地板。墊一條手帕，只不過是表現這種精神的行動之一。除了外在的行動，我們還要將內在的精神也納為己有，否則就無法像超級業務員一樣成功。

從形式開始學習當然沒問題，不過，希望各位一定要理解行動背後一定有「精神」，再加以實踐。

各位讀者不需要實踐本書中的所有方法。就算只有一兩個也沒關係，請下定決心「從今天就開始實行這一條！」希望各位一定要持續下去。

有志者事竟成，十一年來持續舉辦媽媽講座的我，可以向各位證明此言不虛。只要有一件能持續實踐的事，就能藉此建立自信。在你心中培養出的正向精神，一定能成為你的武器。

希望各位的商務人生，都能越來越開心！

二〇一六年五月　山崎洋實

第1章

第2章 安全感會讓人積極行動

第3章

運用自己的長處，發揮團隊能力

第 1 章

每個人都擁有不同的模式

在職場上，你有沒有處不來的人呢？是不是越覺得對方難相處，就越在意他的言行？其實，我們的大腦會收集自己注意到的資訊。覺得「這個人真討厭」的瞬間，大腦就會開始針對對方的言行舉止產生反應。

舉例來說，假設現在有一個十人團體。基本上，不可能大家都意氣相投。大部分情況下，**跟自己合得來的人有二成，普普通通的人占六成，合不來的人占二成**。不管走到哪裡，一定會有難相處，或是合不來的人，我稱此為「**宇宙的法則**」，也就是宇宙級的通用比例！只因為有不喜歡的人就辭掉工作，難道換了新工作就不會遇到討厭的人嗎？沒這回事，新的職場一定還是有難相處的人。

學生時代，我們可以只和合得來的朋友來往。遺憾的是，在職場上，是無法挑選上司、同事和下屬的。

如果身邊有處不來的人該怎麼辦？在這一章，我想告訴各位的就是**不需要花費力氣和對方爭鬥，就能輕鬆建立人際關係的訣竅**。

進公司第三年的高橋（26歲）
你要我說幾次才懂啊！
碎念
最近，
越來越討厭公司。
為什麼部長，……
吼
吼
老是要那麼大聲地吼我呢？
喂，高橋！我已經說過了，釘書針要釘成45度吧？
咦？
給我重做！
啪
釘書針要和邊緣呈45度角
主任她……
這種東西，只要釘得牢就好了吧？
拜託別老增加沒必要的工作啦……
為什麼會講究這種細節啊？

啊
田中
今天要辦新人的歡迎會，你一定要來喔！
不好意思，我不參加這種聚會的。
是……是沒錯啦。
私人時間是我的自由喔！
還是露個臉比較好啦！
社交嘛，社交！
這種聚會，是下班以後的事吧？
為什麼不聽前輩的建議啊？
那是我今天開會要用的資料！
咦!?
嘎－
碎紙機
啊
哎呀呀
嘩啦
犯這種錯也太天兵了吧？
為什麼公司的人際關係，這麼有壓力啊……
焦躁煩悶
焦躁煩悶

冒出
突然
你一直在想「為什麼？」其實這些事，大概都沒什麼理由。
哇!!
小雞!?
妳、
妳誰啊！
你—好！
我是從事教練引導的阿洋教練。
因為每個人都有自己的模式。
模式!?
每個人都有行動、思考和情緒模式。
為什麼是小雞??
小雞版阿洋
你把十指交扣看看！
好。
右手拇指在上呢！
右手拇指在上的人，一直都會是右手在上。
這就是模式。

雖然大家平常都不怎麼在意，
坐在哪個位置，
洗澡的方式……
洗身體
洗頭
泡澡
夾菜、吃飯的順序，
其實我們一直都選擇最輕鬆、最舒服的模式，
每一秒都按照這個模式行動。
被點名發言時……
是！
哇～別點到我！
每個人都按照不同模式生活，
包括部長、主任和後進。
啪
立刻吼人
注重細節
好好做
就像蓋印章一樣，
我行我素
啪
慌慌張張
其實大家，每天都是不斷重複這些模式而已。
啪

是……
這樣嗎？
那我問你，
你對對方感到不滿卻一聲不吭，
為什麼要這樣一直忍耐？
嗯——
因為……
我本來就不太會說話，
不想和別人針鋒相對。
我就是這種個性吧？
嗯……
所以，一直選擇「就算不滿也不說出口」這種方式。
說出來
不滿
不說
我要走這邊
我想，應該是這樣吧。
高橋你啊，
會不會已經習慣這種忍耐模式了？
啊
就像這樣，
大家都是用各種不同的模式生活，
只是這樣而已。
啪

每個人都有不同的模式

分享一個在漫畫裡也會看到的說法：當我們雙手十指交扣時，一定有些人是右手拇指在上，有些則是左手拇指在上。請試著用跟平常相反的方法交扣十指，感覺是不是怪怪的呢？沒錯，這就是你的「**模式**」。

我們每個人都有好幾種自己的模式，並且生活在這些模式中。穿鞋的時候是從右腳或是左腳開始，洗澡的時候先洗哪個部位，每一次應該都是相同的。只是平常都在無意識下行動，不會特別留意。

這些模式因人而異。有些事對自己來說理所當然，但看在別人眼裡就不是這麼一回事了。

我有時會在演講開場時請參加者幫我做個實驗，告訴他們：「請各位向同組的夥伴自我介紹，但自我介紹的順序不要用猜拳來決定。」如此一來，參加者會分成三大類型。

首先是開口說：「那就從我開始吧！」站出來打頭陣的積極型。接著是提出「按照座位順序來吧！」「從遠道而來的人開始吧？」等方案，靈活應對當下情境的類型。最後是不主動開口，等待別人出來主持的被動型。

你是屬於哪一種模式呢？在不刻意改變的情況下，不管在哪個情境、加入哪個團體，一個人的模式都是相同的。舉例來說，平常就比較消極的人，絕對不會在開會時突然站出來主持議題。

除了這些「**行動模式**」外，其實每個人都有自己的「**思考模式**」和「**情緒模式**」。

思考模式～放眼未來與活在當下～

思考模式是什麼呢？舉個例子來說，我有一個讀國中的兒子，當他還是小學生時，有一天我們一起看電視卡通。卡通的主角說：「人生只有一次！不要想太多，做你想做的事吧！」

我聽到這句話，覺得「說得真好」，身邊的兒子卻喃喃自語說：「媽媽，我覺得這個人不好。做事不考慮前因後果，會給身邊的人帶來麻煩吧？」

我完全沒有這樣的想法，因此大吃一驚。我兒子是採取行動前會先考慮周遭他人的類型；而我會先思考自己想怎麼做。即使是一起生活超過十年的親子，思考模式也會有這麼大的差異。

在職場上，**每個人的思考模式也都不一樣。**

舉例來說，對工作的想法也分成二種。一種是希望自己三年後、五年後、十年後能達成某種目標，總是列出自己未來的理想，朝著目標前進的「**放眼未來派**」。另一種則是想到要跟某個人一起工作就躍躍欲試，努力完成別人託付給自己的工作，以自己能在最佳狀態工作為理想的「**活在當下派**」。

在這兩種類型中，我算是「活在當下派」。開始從事教練工作時，我完全沒想過「希望十年後能上電視、出書」。其實，我只是在職業生涯中，對溝通、教練工作產生興趣，希望能將之分享出去，同時也覺得看到別人因此稍微振作起來、獲得幸福是件很開心的事，於是持續進行這份工作，到現在已經邁入第十二年了。

「放眼未來」與「活在當下」這兩種思考，並沒有哪個比較正確。只是代表一個人的思考模式而已。

「放眼未來派」與「活在當下派」

情緒模式～喜怒哀樂的感受方式～

每個人都有不同的感受方式和情緒模式。舉例來說，有些人犯了和之前同樣的錯誤之後，會很沮喪自責，認為自己「已經不行了」；與此相反的，也有些人會較快振作起來，告訴自己：「已經發生的事後悔也沒用，總之我就再接再厲吧！」

有些人會為了一些小事生氣，另外一些人只覺得「難免會碰到這種事」，轉眼就會忘記。

某人覺得很開心的事，有時對其他人來說並沒有那麼愉快。每個人對事物感到喜怒哀樂的反應都不相同，感受的強度也因人而異。每個人都擁有自己的模式，不分優劣。

了解自己的模式，就能慢慢觀察出對方的模式

相信各位讀者已經了解每個人在行動、思考、情緒上，都有不同的模式。大家會覺得對自己來說一切都是理所當然，但別人的模式則是自己的世界裡沒有的感受，因此會感到難以理解，疑惑「為什麼會這樣？」

接著還會因為無法理解而**強迫對方接受自己的模式，甚至發生爭執**。針對這一點，教練引導的想法如下：

「過去和別人是無法改變的，我們能夠改變的是自己和未來。」

因此，不與人爭鬥的溝通法則第一步就是「**了解自己**」，而不是改變對方。

你或許會認為「我早就知道自己的模式了」，不過，其實我們都不太了解自己。原因在於這一切都太過理所當然了。接下來，請和我一起確認自己擅長與不擅長

的事、以及什麼會讓你感到喜悅和難過。

只要了解自己的模式、加以比較之後，就能慢慢觀察出對方的模式。透過審視、理解自我，同時也能找出別人的模式。如此一來，就能看出「這個人是用這種模式行動的」，冷靜理解他人和自己的差異，並且，人際關係帶來的煩惱也會大幅減少。

其實，「了解自己」還有另一個好處。知道自己平時的模式之後，我們就能在必要時選擇不同的模式。

舉例來說，前面提到十指交扣的方式。如果沒有發現自己一直都是右手拇指在上，我們這一輩子就只能使用這個方式；不過，當我們發現自己是右手拇指在上的模式之後，相對來說就多了「左手拇指在上」這個選項。也就是說，我們只要發現自己的模式，接下來就可以選擇和平常不一樣的模式，成為一個更有彈性的人。

下一頁是「了解自己和周遭其他人模式的課題」。請各位一定要試著確認自己和身邊其他人的模式。

本章總結

1 每個人都有自己的模式。

2 模式無分優劣，重要的是了解不同模式的差異。

3 了解自己的模式，就能選擇和平常不同的模式。

請針對P21介紹的行動、思考、情緒模式，寫出自己的模式。接著也問問身邊親近的人吧！大家各自擁有怎樣的模式呢？

思考模式	情緒模式
針對工作的想法	**平常容易強烈顯露哪種情緒？**
放眼未來派 希望自己3年後、5年後、10年後能達成某種目標，總是列出自己未來的理想，朝著目標前進。 **活在當下派** 想到要跟某個人一起工作就躍躍欲試，努力完成別人託付給自己的工作，以自己能在最佳狀態工作為理想。	**喜 怒 哀 樂**

思考模式 ________________ ________________

思考模式 ________________ ________________

思考模式 ________________ ________________

思考模式 ________________ ________________

Point **只要注意自己和周遭他人的模式，距離不與他人爭鬥的溝通就更近一步。**

課題 1

了解自己和周遭其他人的模式！

行動模式

主題

對初次見面的多位陌生人自我介紹時

模式範例

一馬當先型

率先舉手說：「從我開始吧！」

主導局勢型

不會主動先開始，但會提出「按照座位順序來吧」等建議。

被動型

觀察周遭人的反應，等待別人出來主持。

自己 ____________________ 型

上司 ____________________ 型

同事 ____________________ 型

家人、伴侶 ____________________ 型

第 2 章

安全感會讓人積極行動

我們在生活中，多半都會對彼此的行動和發言有所反應，也很容易做出「好」、「不好」或「對」、「不對」等價值判斷。還會強迫對方接受自己的正義感，甚至發生爭執。

人類是想要安全感的生物。在否定和攻擊中，我們不容易做出積極行動。擁有安全感，才會讓人想要努力，勇敢面對困境，接受周遭他人。也就是說，安全感會讓人積極行動。

那麼，什麼才能給人安全感呢？

答案是「認同」對方。據說在日文中，認同（認める）這個詞來自「看見（見る）」與「注意（留める）」（註：目前關於此語源有各種不同的說法）。而「**留心**（見留める）」的意思，是留意對方和自己的差異，不評斷是好是壞，單純接受對方「就是那樣子的人」。

小林和山本組，這個月也是業績冠軍！
進公司才第一年，真是我們的明日之星。
哇哈哈
哇～
好厲害！
這麼說起來，看看我的下屬……
你也該好好學學啊！
這是什麼爛業績！
怒罵
怒罵
對……
對不起。
鞠躬
低頭

你真的是，
不太會跑業務耶～
手足無措
我到底該怎麼辦呢……
嗚嗚……
只有簽到約做出成績囉。
該怎麼辦喔……
業務員的業績就是一切。
業績
咚
問題就是業績。
喂，高橋，那是你的下屬，你要好好指導他才對啊！
啊？
咻咻咻咻

滿有道理的啊。
咦!?
是這樣嗎？
那傢伙天生的資質，就只有這點程度。
我根本幫不上忙吧？
沒天分
我在從事教練引導之前，
曾經是一間大型英語會話學校的業務員。
當時有個叫小清的女孩子，
文靜
不起眼
完全不適合跑業務。
業績也很差，
但她也沒別的地方可去，
要是在我們這部門做不起來，大概就要辭職了。

不過……她呀，
一些基礎事務都做得有條有理。
準時上班
打掃和整理都做得很好，
服裝儀容整齊，
不會忘東忘西，
但是完全沒有人讚美她這些長處。
我留心到這些地方，一直跟她說——
小清，妳今天也很準時耶！
桌子也擦得乾乾淨淨。
真謝謝妳！
不過，這都跟業績沒有關係呢！
哈哈
就算不會直接影響業績，
隨時都能保持平常的標準，
可不是件簡單的事情喔！
有些人狀況好時會得意忘形、偷工減料，不好時，連生活步調都會亂掉。

小清，妳是很堅強的人，
沒問題！業績一定會成長的。
那……小清之後有什麼變化呢？
她建立起自信，成為一位很優秀的經理，因為基礎穩固，所以很堅強，不會倒下。
不管是怎樣的人，都有屬於他的才能，
找到並**留心**他的才能，就能將之轉變成優勢。

這個商品，
這裡是這樣……
那傢伙在幹嘛？
在公園練習銷售技巧？
以前我都只看到結果而已……
雖然沒簽到幾個約，
不過沒關係，
你真的很努力、很拚命，
我都知道。
事情一定會順利！
是、是！
我會努力的！
讓我施個魔法吧！

認同對方

每個人的內心都有「希望對方認同自己」的需求。

請看下方的三角圖。

這張圖叫「認同金字塔」。最下面是「**Being（存在）**」，中間是「**Doing（行動）**」，最上方則是「**Having（資源／持有物、學歷、才能等）**」。從這張圖中也可以看出，心理學理論中的「認同存在需求」（也就是由他人認同自我的存在），其實就是人類最基本的

認同金字塔

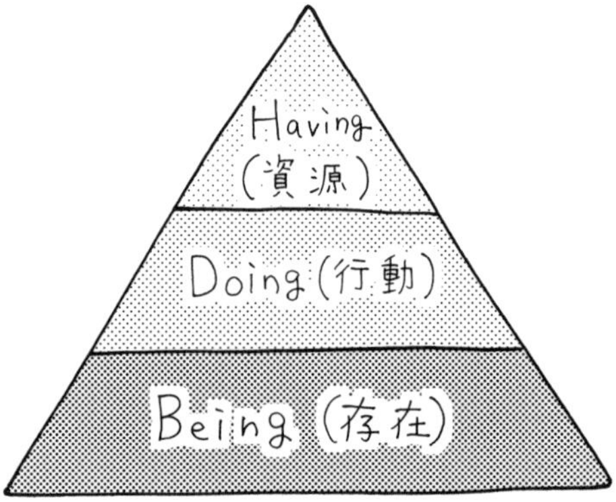

需求。

對一個人來說，最重要的是**他人能注意並認同自己的存在**。當我們感覺到他人認同自己，就會感到滿足，進而積極地去面對眼前的事物。這個道理在職場也適用。然而，實際上這一點目前仍不太受重視。

原因在於我們總是將注意力放在對方的三角形高點，也就是容易區分優劣的項目。尤其是在公司或組織內必須追求成果，因此產生總是注意數字和結果的傾向。如此一來，「單純注意對方，對這個人有興趣」也就變得越來越困難。不過，**與人來往時，認同對方的存在是非常重要的一環**。接下來，我就要和各位分享認同對方存在的各個步驟。

人際互動可以營造出安全感

在某間公司內，有些部門派遣員工的穩定度高，有些則很低。調查其中差異後，發現**穩定度高的部門，在派遣員工上班第一天，部長一定會親自向派遣員工打招呼。**

「你是從今天開始上班的○○吧，請多指教。」

初次前往新職場時，不論是誰都會感到緊張。這時，如果居於部門領導者地位的部長前來和自己打招呼，我們一定會很開心，覺得「部長很關心我」、「部長很開心地接受我」。

另一方面，如果你第一次來到職場時，大家都對著電腦專心工作，完全沒注意到你，你會有什麼感覺呢？除了感到有些落寞之外，或許還會開始不安，懷疑自己能不能在這間公司待下去吧。

其實，並不是因為一句招呼就改變了員工的穩定度。第一天的打招呼，只不過是單一行動。但從這件事我們可以看出，這位部長具備了人際互動的意識和精神。此外，除了一開始的打招呼，**有些人際溝通也能讓彼此常有互動的人產生安全感**。

主動「**打招呼**」、「**稱呼對方的名字**」。各位只要完成這兩個單純的動作就好。事實上，在與你互動時對方能獲得多少安全感，其關鍵也就在這兩個簡單的行為之中喔。

令人業績成長的一句話

成為溝通引導教練之前，我曾經在遍及日本全國的英語會話學校擔任經理。按照分校規模，各校都會有一至二位經理，負責管理學生入學手續、講座更新頻率及教師事務等營運工作。經理分為派任至固定的分校一年，或是進行短期支援。我當時便是四處前往各地分校，業績也一直保持在全國前幾名。

為什麼我的業績會蒸蒸日上呢？當時，其實我並沒有意識到自己做了什麼特別的事，不過，現在回想起來，就知道理由了。這都是因為我做到了**認同職員和學生的存在意義**。

我每次來到新的分校，就會先和每一位老師長談。談話的內容不是學生續約上課比率之類的數字話題，而是問對方「你為什麼成為英語會話老師？」「教學有哪裡讓你覺得有趣？」等問題。這其實只是代表我「**對這個人感興趣**」而已。當然，為了收益，取得業績也是非常重要的工作，但就算質問「你的業績很差，你怎麼想？」也無法提升對方的士氣。

每位老師都非常清楚一定要提升業績。這種時候，反而就像俗語所說的「欲速則不達」。一開始我會先著重在建立自己和老師之間的信任關係。

當時，經常有人對我說：「大石小姐（我結婚前的舊姓）是第一位不談數字的經理。」聽說歷任經理上任後，連招呼都不怎麼打，一開口盡是數字話題和批評。就連一位不好相處的老師也對我說：「大石小姐是第一位讓我想要合作的經理。」原因似乎就是因為我不問數字，而是詢問學生和老師的狀況，讓他覺得「這個人很重視我的學生」。

讓人產生幹勁的，是人；讓人喪失幹勁的，也是人。這個道理，我是在英語會話學校工作時學到的。

工作不順時，更要多和對方說話

過去，我曾經遇過各種類型的上司，其中，引導我展現潛力的，就是**擅於認同他人的上司**。

有一次，我被派到業績不佳的九州分校支援。當時我擔任總公司的事業部長，創造業績是理所當然的工作，沒有任何人會替我說話。

來到陌生的地方打拚，剛開始業績沒什麼起色，我正覺得不妙時，手機響了起來。我接起電話，聽到十分令人懷念的聲音，問我：『大石，妳最近好嗎？』原來是以前曾經照顧過我的女性上司，知道我被派遣到當地，非常關心我，才打了這通電話。

這位上司當然看了統計表，也知道我的業績。但她並沒有問我：『業績變好了嗎？』而是跟我說：『我在總公司沒看到妳還想說是怎麼回事，聽到妳現在在

○○分校，忍不住就打來了！』她用這種方式表達關懷，當時的我非常開心。至今仍記憶猶新。

只是一位前上司找我說話，就能讓我拚盡全力衝刺。這是因為有人關心我，我也想要讓上司開心，因而產生比以前強上無數倍的力量，最後也就達成了目標業績。

工作順利時，周遭的人都會注意我們，且給予好評，我們也處於精力旺盛的狀態，因此可以靠自己的力量在某種程度上努力奮鬥。然而，**越是陷入逆境，這個人的存在是否被認同就越重要**。首先請告訴對方「我正在看著你」，這句話會給人力量，一定能讓對方積極向上，努力工作。

比起結果，更需認同的是過程

之前在漫畫中出現的小清是一位經理，也是我成為事業部長後的直屬部下。其實當我見到小清時，內心暗自覺得「她太文靜了，不適合跑業務」。不過，當我對小清產生興趣，開始思考「如何讓她發揮潛力」後，發現了一件事。

小清每天都會提早來上班，每天都會在同一個時間整理桌面。儀容服裝也非常整齊，自我管理做得很好。不會遲到，一定會遵守約好的時間和日期。

過去，我曾遇過一些態度不佳、常常不來上班、不守信的同事，不管他們的業績多好，總是過不了多久就無法繼續成長，最後辭職了事。基礎打得不好，即使一時業績優秀，最後也無法持續。

所以，儘管上司們一再對我說：「小清的業績沒有起色，她大概不適合這份工作吧。」我依然告訴他們：「不，她一定沒問題。」

業績數字是工作成果。成果不佳，最在意的就是小清本人。一再責備這一點，事情也不會有任何改變。就算對方沒有做出成果，也要**觀察過程**，把對方的變化和成長告訴他本人，才是最重要的。

小清的努力雖然沒有得到成果，但她從來沒有因此而懈怠。比起結果，我更注意到她努力嘗試做出成果的過程，告訴她：「我一直都有看到妳認真努力的態度。」也持續找她談話，小清因此建立起自信，開始積極與人搭話，最後終於成為一位優秀的經理。

如果我們沒有對一個人產生興趣、進而產生互動，就無法了解對方。每個人都擁有閃閃發光的「某種潛力」，能夠找到它、引出它的人，就能成為優秀的領導者。

藉由「感謝第一」傳達對方的影響力

「謝謝」這句話看似理所當然，其實很多人沒有好好說出口。

不過，當我們聽到別人對自己說「謝謝」時就會很開心，這是因為**「謝謝」就是終極的存在認同**。當別人對我們說「謝謝」，我們會覺得自己是有用的、是被需要的。

當團隊成員幫了你的忙，請一定要對他說「謝謝」。我將這個原則稱為「**感謝第一**」。舉例來說，說「謝謝」就像儲蓄。在發號施令或批評指正時，對方與你之間是儲存了許多次「謝謝」資本的關係，還是完全沒有存款餘額呢？在這兩種狀況下，對方的反應會有所差異。首先請記得表達自己的感謝，告訴對方：「謝謝你之前幫忙，工作有進展了。」

此外，還要注意說「謝謝」時，必須針對的是**行動造成的影響**，而不是行動

傳達影響的「感謝方式」

本身，這樣更能傳達你的感謝之情。舉例來說，不要只是說：「謝謝你幫忙製作資料」，而是說：「多虧你做了這麼清楚易懂的資料，所以我才能順利完成這個簡報。」如此一來，對方也較能感受到自己確實幫上了忙。

除此之外，「真開心」、「多虧你幫忙」，也是可以將影響傳達給對方的詞句。

人要有感覺才會行動

若各位讀者覺得部下一直沒什麼成長，我有一件事想和你分享。或許各位會覺得部下「為什麼老是沒幹勁」、「怎麼老是不記得工作該怎麼做」，不過這時，再怎麼強調「你要好好做」，對方也不會改變。

追根究柢，人只有在兩種情境下會改變自己的行動。

一種是「**建立目標時**」。當一個人打從心底覺得「想要變成這種人」、「想完成這種工作」，找到目標時就會改變。

另一種則是「**產生危機感時**」。當本人真心覺得「這樣下去不妙」時，行動也會隨之轉變。

「感動」這個詞是由「**感覺**」與「**行動**」兩個字組成的。人類是感情動物，**只有在有感覺時才會採取行動**。

希望對方改變時，下指令、責備和發怒多少次都是沒有用的，只有「讓對方感動」才會有效。

該怎麼做才能讓對方感動呢？在這裡和各位分享一個小插曲。

有一位朋友的家庭成員共有四個人，分別是奶奶、爸爸、媽媽和小學一年級的小孩。

每個週末，就讀小學的孩子都會從學校把室內鞋帶回家。那個週末，九十歲的奶奶幫孫子洗了鞋子。然而，畢竟奶奶已經九十歲了，年老無力，鞋子洗得並不乾淨。

結果孩子看到晾乾的鞋子後，抱怨說：「真是的！奶奶洗得一點都不乾淨嘛！」

如果是你，會對這個孩子說什麼呢？

「怎麼可以這樣說！奶奶特地幫你洗鞋子，要說謝謝啊！如果有意見就自己洗！」

我想，一定有很多人會這麼說吧。我們總是想用言詞教育孩子學會感謝，當然，這家的媽媽也是。然而，當天晚上，爸爸和孩子一起洗澡時，對孩子說了這段話——

「想想看，奶奶為什麼要幫你洗鞋子？那是因為她很疼你啊。你要是不喜歡洗不乾淨的鞋子，可以自己再洗一遍。不過，一定要先穿過一次。要是一次都沒穿就拿去洗，奶奶會怎麼想？一定會覺得很失望，認為自己很沒有用對不對？所以至少要先穿過一次才可以拿去洗。」

別只是由上而下發出「不行這樣」、「應該要這樣做」等指令，我們必須先認同對方的存在意義和感受，先感動對方，接著再把話題帶到希望對方完成的目標上。

這位爸爸首先說出的話，就是在認同對方的存在意義。

・你是奶奶很疼的孫子（認同孩子的存在意義）。

・如果奶奶覺得自己很沒用，她一定會很失望（教孩子認同奶奶的存在意義）。

接著，再設立目標，說出打動人心的話，讓孩子覺得「想成為這樣的人」（或是不想成為這樣的人）。

・不想讓奶奶失望（目標）。

爸爸沒有給孩子的行動打分數，也沒有試圖操控孩子，而是先認同孩子的存在意義和感受，並且告訴他採取行動時要心懷感謝──這就是「打動別人」的訣竅。

終極的存在意義認同

以下這件事發生在我父親得了胰臟癌，住在醫院裡，被醫師宣告只能再活半年的時候。

父親接受了嗎啡止痛注射，意識模糊，即使有人叫他，他也無法回應。連我都看得出來，父親剩下的時間已經不多了。他當時已經包著尿布，由護理師幫忙更換。

有一天，來幫忙的護理師拉上隔簾，迅速俐落地換完尿布，對我說了句：「如果有什麼事再叫我。」就走出病房。

隔天，另一位護理師來幫父親換尿布。她拉上隔簾後，對著我父親說：「大石先生，我要幫你換尿布囉。換的時候會移動你的身體，可能會有點痛，先跟你說聲抱歉喔。」

即使護理師向我父親搭話，但他根本無法回應。因為施打了止痛藥，或許也沒有想像中那麼痛。即使是在這種狀態下，這位護理師依然向我父親說話。換完尿布後，她又對我父親說：「大石先生，如果有什麼事請再叫我喔。」接著才拉開隔簾。

我一點也不覺得第一位護理師讓人有不愉快的感覺。然而，身為女兒，哪一位護理師的行動會讓我感到安慰呢？

即使我父親當時已經意識不明，沒有任何反應，到了生命的最後一刻，依然有人把他當人看待，維持他的尊嚴，好好對待。再沒有什麼事比這更令我感到欣慰了。

這件事讓我感受到，這就是終極的存在意義認同。

本章總結

1 人會因為存在意義受到認同而產生安全感。

2 比起結果，更需要認同的是過程。

3 說「謝謝」可以傳達出因對方行動所造成的影響。

讀者之聲1

了解工作業務中擅長及不擅長的內容，成功提升工作效率

——實踐成果——

電子儀器大廠課長．女性．40歲

我在二十年前進入電子儀器大廠任職，幾年前升任課長。領導十個部下，但總是無法好好分配工作，也發現自己經常一個人把工作都攬下來。當時我很煩惱，很想好好以團隊合作的方式推動工作。現在回想起來，那時候的我其實完全不了解部下擅長和不擅長哪些工作。

了解別人和自己的模式不同

還沒找到解決方法，我就邁入第二個孩子的產假。當時我把兒子寄放在托兒所，工作也休假，但或許是因為身體狀況的關係，一直感到非常焦躁。

我覺得很不安，生完孩子後直接回到職場真的沒問題嗎？同為人母的朋友安慰我：「家有兩個孩子還要工作，變成『虎姑婆』也是無可奈何的。」但我其實一點也不想當虎姑婆。就是在那時候，我參加了山崎小姐的研習營。

在為時兩個月的研習營中，最讓我印象深刻的就是「每個人都有不同的模式」。有些人細心、有些人粗線條，大家都不一樣。接受事物的方法、擅長與不擅長的工作內容也都不同。不是好壞的問題，而是每個人都按照自己的模式生活。正因如此，只要想出能運用這種模式的方法，就能讓事情更順利。當時，我也初次嘗試面對自己，思考自己的模式，學會認同自己的短處。

我發現自己不擅長製作詳細資料以及例行公事等工作。也不擅長配合別人的步調。我還曾經發生過用自己的速度一股腦往前衝，最後才發現根本沒有人跟上來這種糗事（苦笑）。

另一方面，我有足夠的行動力，可以立刻應對客訴。我能冷靜接受現實，擅長馬上找出解決方法，開始行動。

然而，觀察周遭之後，我發現許多人都不擅長應付客訴。我可以理所當然地應對這些客訴，但有些人卻一聽到就會全身僵硬，開始自責、感到沮喪，甚至一片混亂，不知道該怎麼做，也無法立刻採取行動。發現這件事之後，我就知道自己該如何輔助這些部下，怎麼給他們指令才恰當。

比生產前完成更多的工作

如此一來，在了解自己擅長和不擅長的事之後，也就能看見別人擅長與不擅長的事。

生完第二個孩子，回到職場後，我改變了之前的工作方式。我基本上只工作到下午五點十五分，工作時間較短，因此每天能完成的工作量有限。其他只能依賴部下分擔。這時，我會考慮每個人擅長與不擅長的工作，評斷把哪件工作交給哪個人比較適合，團隊的工作也進行得相當順暢。

被託付的工作是自己擅長的領域，就不會覺得痛苦。在我學會認同和自己不一樣的模式後，也成為一個能打從心底說出「謝謝」的人，和部下之間的關係也越來越好。

現在，自己不擅長的製作資料等細項業務，我會盡量交給別人做。如此一來，我的工作效率也隨之提高，不再需要一個人攬下所有工作。雖然工作時間比以前短，完成的工作卻比生產前還多。

除此之外，客觀審視自己，也讓我了解自己體力和精力的上限，學會在到達極限前轉換心情或休假。要是我一路努力到極限，因而感到煩躁，身體也吃不消，誰也不會開心。

家庭狀況也產生了變化。或許因為我不再煩躁焦慮，成為一位游刃有餘的媽媽。因此，當我生完第二個孩子回到職場後，孩子們突然發燒的狀況也隨之減少。我也因此能好好規劃第一次生產後只有孩子身體不適時才會請的特休假，將其用在自己身上，或是與家人共享天倫之樂。

參加研習營已經是八年前的事，一直到現在，遇到令人迷惘或是挫折的事情時，我還是會想起我的模式和別人的模式不一樣，朝著認同自己，也認同對方的方向前進。當時研習營給我打下的基礎真的對我有很大的幫助。

第 3 章

運用自己的長處，發揮團隊能力

我們人類都有一種需求，希望能待在團體中，進而產生安全感，知道「自己可以待在這裡」。如果狀況允許，也希望自己能獲得好評，**被需要、被珍惜**。此外，還會**希望自己能幫上別人的忙**。

各位若能發現這幾點，團隊中的人際關係也會隨之改變。

相信讀者看到這裡時，都已經了解到每個人都有不同的模式，認同彼此的模式很重要。團隊合作便是能將自己的模式、對方的模式截長補短，提高相乘效果的大好時機。

在這個章節，我想分享的是能幫助各位與多人一起工作時更順利、更理想的重要訣竅。

今年的活動，
我想邀請專家來，
請他解說最新的技術。
請搞笑藝人來販賣區，
你覺得如何？
我已經請專家老師了啦。
都拜託人家了。
比起專家，藝人比較有趣吧？
對吧？
這傢伙怎麼這麼愛管閒事啊！
不……
負責活動的是我耶！

啊！
我剛剛傳訊息給朋友，
他說要幫我找藝人耶。
哇—
好厲害唷！
什麼~~~~？
你幹嘛擅自決定啊？
這是整個團隊一起辦的活動吧！
我才是承辦人耶！
團隊……
你只是做你自己想做的而已吧！
你才是呢！
因為你是承辦人，對自己的企畫案就這麼執著喔？
一觸即發

那傢伙能不能不要這麼愛管閒事啊……
愛管閒事
雖然我知道他的模式一就是這樣。
高橋，他跟你的角色重複了呢～
我到底該怎麼辦啊……
我也遇過類似的情形喔。
在我兒子學校的家長會，
有一位小菅媽媽，
我們兩人都是副會長。
小菅媽媽
她啊，
大概是因為我工作很忙，所以特別體貼我，

洋實姐，工作很忙吧。
家長會的雜事我來做就好了。
啊！
謝謝妳，那就麻煩妳了。
快要開總會了，
我已經都準備好了。
這樣啊，真謝謝妳幫忙。
掰掰！
那件事，我已經做完囉！
呃……
啊……
嗯。
空——虛…

我也是因為想做家長會的工作才加入的啊。
為什麼小菅媽媽都不指派給我，自己一個人就全部做完了呢……
我們自己的模式，不一定只會發揮正向作用。
愛照顧人
有時反而會造成負面影響。
小菅媽媽和我一起共事時，會相衝。
愛出風頭
愛照顧人
真是幫上大忙了～
消極退縮
如果是其他人，也許就會合得來。

所以，
必須配合狀況調整。
我也想做耶。
抱歉
將自己的模式切換成ON，或是OFF。
模式ON
模式OFF
那傢伙雖然很愛管閒事，
但也因為我自己是承辦人，
所以特別想取得主導權。
欸，搞笑藝人那件事，可以交給你嗎？
咦？
嚇一跳！
你的企畫比較能炒熱場子，
活動才會更成功。
大家一起努力吧！
喔！
好！

經常確認目標

以團隊合作的方式工作時，最重要的就是**全員目標必須一致，各自進行手頭的工作，不可猶豫不決，一起朝向目標邁進**。

以前，在進行家長會的工作時，狀況就像前面的漫畫所描述的，對我來說小菅媽媽是一位不容易合作的對象。我其實很想站在家長會的核心位置掌握主導權，但當時的我卻關上了這個模式的開關。之所以做得到這點，是因為我看到了目標。

我理解到，家長會的工作目標是為了孩子，絕不是我用來實現自我的地方。既然目標是為了孩子和學校，那麼讓小菅媽媽來擔任家長會的核心也不會有任何問題。

越是拚命努力、工作反而越不順時，十之八九都是因為迷失了最終目標。這種說法一點也不言過其實。

團隊合作時，若每個人無法堅持同一個目標，這個團隊就不會順利。尤其是要長時間合作的團隊，特別容易迷失目標。各位的目標是什麼呢？請一定要不斷確認，接著就會知道自己該怎麼做了。

朝向同一個目標努力，齊心合力達成一件大任務時所帶來的喜悅和快樂，是一個人獨力工作時絕對無法感受到的。雖然一個人只有一馬力，但十個人集合在一起便是十馬力；接著只要大家能彼此產生良性影響，發揮出的力量一定會超過十馬力。

模式會因對象不同而產生正面或負面效應

各位是不是也曾有過我和小萱媽媽這種因為對方的模式而感到難以共事的經驗呢？

小萱媽媽是一位工作能力強、頗有人望的優秀女性。因此，即使我當時很忙，她也能獨自完成全部的工作。原本我自己就是一邊工作一邊參與家長會活動，小萱媽媽非常可靠，我也覺得很感激。不過，有一天我發現自己覺得這個狀況實在令人不滿。

在第一章，我曾經提過**模式是無分優劣的**。

在這裡，我想再補充一點。一個人的模式有時會產生正面效應，有時則會造成負面效果。一件事一定是一體兩面，與你互動的對象不同，對方接受你的模式的方法也會不一樣。

我之所以會對工作能力超強的小菅媽媽感到不滿，理由也很簡單。因為「我想要幫得上忙，她不需要我，讓我覺得很難過」。

如果我是一個對家長會活動很消極的人，或是根本不想參加，那麼，不管什麼事都能積極處理的小菅媽媽就會變成「大好人」。

然而，對我這樣一面工作，同時也想活躍在家長會的舞台上，希望自己能幫上忙的人來說，小菅媽媽就會變成跟我搶工作的「壞人」。

沒錯，我們常說的「好人、壞人」，其實就是對自己來說方便與不方便的人罷了。

理解自己在團隊中的角色

我在剛開始成立團隊、要開始合作時，一定會請成員們針對自己的模式舉手表達意見。舉例來說，我會先問他們：「（1）想不想成為團隊核心」、「（2）會不會憑藉感情來下決定」，以及「（3）是不是想到什麼就說什麼」等問題。**這是因為，當一個團隊合作不順利時，多半都是因為這幾個模式產生了負面效應**。

當我有自覺時，就比較容易發現模式產生的負面效應。此外，團隊中的其他人也能看出我是屬於「想成為團隊的核心，一旦別人把工作都分配好，就會沒有幹勁」的類型，進而注意到權力的均衡。並且能「將某個程度的工作交給我做」，確實讓對方發揮工作能力。

我自己是屬於有話直說的類型，擔任講師時，這樣的性格可帶來正面效應。

舉例來說，講座結束後和參加者一起舉辦餐會時，我也會乾脆直接地表達意見。參加者都會覺得這樣很好，「可以得到個別建議，真開心。」不過，當我不是站在教練的立場，而是和同為人母的朋友用同樣直接的態度說話，就會有種高高在上的感覺，給人的印象也不是很好。

這是因為，研習營的學生和媽媽朋友群「**希望我擔任的角色並不相同**」。對於媽媽友人來說，我並不是教練。她們本來就沒有要徵求我的意見，要是我太多嘴，反而會讓她們不開心。

附帶一提，我自己也明白這個模式。因此，與媽媽友人來往時，都會事先聲明：「我這個人有時候會想到什麼就脫口而出，我沒有惡意，但有時可能會讓人覺得沒禮貌。如果有冒犯到妳，請直接提醒我。」當我先表態之後，就再也沒有被人說過「妳說話口氣很衝」了。

在團隊中工作時，請試著思考看看，在這些成員中，自己應該扮演什麼樣的角色，工作才會更順利。請想想看周遭的人期待你扮演的角色，是取得主導地位或是負責支援？除了自己，還要請團隊中的其他人也一起想。如果能在開始推動專案前，就對成員彼此扮演的角色有共同認知，整個團隊的工作能力也會跟著大幅提升。

反之，工作推行得不順利時，也可以試著刻意將自己的模式關掉。每個人都重新審視自己的模式，可幫助團隊運作得更順利。

利用「耳語作戰」提高士氣

接下來，我要向各位介紹能讓團隊溝通更順利的密技。不管領導者還是幕僚，每一個人都可以運用。

這個密技，就是確實說出團隊成員的優點和存在意義。請將你心中所想的事情直接告訴對方，例如「因為○○的領導，大家才能這麼靈活」、「多虧了╳╳的幫忙」等。

我們平時不太會對別人說出自己的感受。說出彼此的優點可提高每個人的士氣，整個團隊的氣氛也會跟著改善。

特別是團隊中如果有看起來「無精打采」、「似乎遇到瓶頸」的人，請試著向他搭話。此外，各位也請思考看看，自己和團隊成員之間的溝通是不是只有批評或是評論對方的成果。

除此之外，透過其他人讚美對方也相當有效。

舉例來說，誇獎B時，不只直接告訴B，同時也和A說：「B這麼努力，真是幫了我一個大忙。」之後大致上A都會告訴B：「山崎小姐說過這句話喔。」我把這種方法取名叫作耳語作戰。

直接獲得讚美當然開心，然而**當一個人得知自己曾經在背後受人誇獎**，一定會感到更開心。當我們營造出許多讓對方覺得自己幫上忙的情境，這個人就能繼續努力下去。

若是團隊成員只會互相說些負面和否定的話，大家就會越來越退縮，不願意提出自己的意見。這樣的團隊無法創造出優良的商品、服務或創意。相反地，團隊的氣氛越好，成果一定也會越來越好。

運用彼此的「長處」營造相乘效果

每個人一定都有長處。聽到「長處」時，我們常會認為指的是與別人相較之下較為優秀的能力，但事實上並非如此。當我們注意到自己平時習以為常的模式，能在需要時使用它，它就會成為我們的長處。

接下來，我希望各位和我一起思考自己的「長處」是什麼，如此一來，就能在團體中找到自己的定位。

聽到「請舉出自己的十個長處」時，大家可以馬上回答出來嗎？

過去我在媽媽講座中也會指派這個作業，請學生們寫出自己的長處，大家一開始都寫不太出來。老實說，難得我們有這些長處，卻沒有發現它們，實在太可惜了。

想找到自己的長處，我建議各位**廣為詢問上司、同事、朋友或家人等與你親近的人**。如果你一直覺得「這種事很難開口問別人」而遲遲無法行動，這樣可是很吃虧的。

除此之外，受人讚美時別謙虛地說「沒那回事」，而是試著詢問：「真的嗎？具體來說是哪些事？」「例如哪些地方？」仔細問出詳情。有些時候，自己認為是缺點的地方其實正是你的長處。

以前我很討厭自己的聲音，不像播音員一樣好聽之外，還有點沙啞。不過出乎意料地，有一次友人誇獎我的聲音：「不太高也不太低，聽起來很順耳，是很棒的聲音。」從此之後，我就接受了以前連自己也很討厭的嗓音，把它當成我的長處。如此一來，也開始有研習營的學生對我說：「好喜歡妳的聲音。」聲音是來自父母的禮物，和自己的努力完全無關。正因如此，自己不會注意到，也很難發現它的特性。

就像這樣，接觸別人眼中的自己，或許會有意想不到的收穫。當各位發現自己的長處時，它就會成為你的武器。

我以前不能接受自己的聲音，直到聽的人對我說它聽起來很舒服，那一瞬間，它就成為我的長處。我們不用努力去學習自己本來沒有的能力，只需要發現自己本來就有的特質，並且認同它。

在本章的最後，有一份幫助你找出自己長處的課題（P96～97）。請各位一定要試著做看看。

接著，我想介紹一個藉由團隊成員有效運用彼此的長處，進而獲得最終成功的真實案例。

有一位負責活動企畫及執行的女性員工，在她的職場上有一位比她小三歲的男性員工。這位男性工作時懷抱熱情，是非常優秀的員工，也有想要改革諸多事務的念頭。但是在這個職場上，依循過往案例完成工作的風氣非常強烈。不管對方是誰，每一次這位男性都會去頂撞對方，質問他們：「用這種方法到底該怎麼繼續工作？你們工作時眼睛都在看哪裡啊？」

因此，即使他有優秀的才能和觀點，上司對他仍只有負面評價，認為他「沒大沒小」，意見也完全不被採納。接著他就更加意氣用事，開始與周遭的人爭鬥，陷入惡性循環。

後來，他們兩人必須組成一個團隊，周遭其他人都對女性員工說：「妳和他搭檔一定會很辛苦」，相當同情她。

實際組成團隊後，他果然還是口無遮攔，一開始相當辛苦。不過，她對他的工作熱忱、企畫能力、工作效率等才能相當吃驚，進而認同他的能力，告訴他「你真厲害」、「你很有才華」。

接著，他也漸漸開始會說：「前輩對這件事真的很有天賦。」點出她的長處。兩人互相理解彼此的優點，產生相乘效果，慢慢做出成績。他們兩人在團隊中共事兩年，完成了好幾個前所未見的嶄新企畫案。

她告訴我：「周遭的人很驚訝我為什麼能跟那種人順利合作，而且看起來感情還不錯。不過，其實我跟他並不是合得來，只是我們朝向同一個目標，彼此截長補短，**認同彼此的優點**而已。我們是因為做到了這一點，才能夠漂亮地完成工作。」

缺陷特別令人在意！

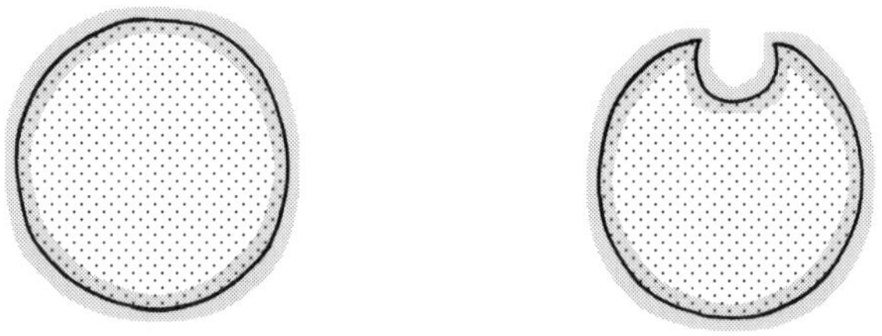

認同自己的弱點，實力倍增

請各位看看上圖，一個是漂亮的正圓形，一個是有些許缺陷的圓，你會更在意哪一個呢？我想應該是有缺陷的圓形吧。而且，大家會在意的其實是缺陷部位。儘管大部分都是圓的，我們卻特別在意「欠缺」的地方。人也是一樣，總是忍不住在意缺點。

前面的章節說的都是長處，其實，一個人最容易意識到的是短處。自己做不到的事及不擅長的事實在是令人介意。各位請想想看，當別人問你「你不擅長的事是什麼？」時，你是否可以馬上回答出來呢？

接下來，我想告訴各位，別介意自己欠缺、不足的部分，只要接納「原有的缺陷」，我們就能借助周遭他人的力量。

一個社會人工作時，無法只做自己擅長的事情。或許還需要負責構思企畫、進行簡報、整理會議紀錄、主導團隊……等不擅長的工作。不過，當我們碰到自己不擅長的工作時，有一個方法可以解決這難題。

我不擅長盡快進行工作。有時別人託我寫稿，得知交稿時間時，我會爽快答應：「好，知道了！」最後卻總是拖到快截稿才開始動筆。

因此，我會在記事本寫上截稿日，也會事先告訴責任編輯「請將交稿日設定得比真正的截稿日稍早一些」。

若是編輯和我的交情還不錯，我還會請他在截稿日幾天前向我催稿。或許各位會覺得「這樣不是給對方添麻煩嗎？」但我要是拖過了截稿日，反而會讓編輯更困擾。擁有能將自己的短處抑制到最小限度的方法，是非常重要的技巧。

公開宣布自己的短處，向人求助，有時會更容易帶來成果。一個人獨自努力固然很重要，但懂得偶爾向別人撒嬌，也是社會人重要的工作技巧之一。越是工作能力強的人，越會光明正大地承認自己的短處，不會遮遮掩掩，並且擅於請別人幫忙。

不擅長的事也是我們的模式之一，這句話的意思並不是不用努力。而是希望各位了解，坦率承認自己的短處常能讓工作進行得更順利。這不是「看開」也不是「放棄」，而是設法與做不到某件事的自己「妥協」。

以下是一位公司女職員跟我分享的故事。

在她的公司裡，有一位同事具有前所未見的工作能力，她從來沒看過比他更有能力的人。然而，她常覺得這位同事雖然才華洋溢，卻非常可惜。

假設把這位同事的工作能力視為一百分，他是一位不論什麼工作都能做得極好，可以達成滿分成果的人才，但自尊心很強，完全不接受別人的建議。因此，無法達到一百分以上的分數。

但是，一百分可不是人人都可以達到的。舉例來說，工作能力只有五十分的人該怎麼辦呢？其實並不是只有填補缺陷這個方法。還可以拜託周遭的人說：「我想做這件事，你有沒有什麼好主意？」「我想做這個，你認識了解相關資訊的人嗎？」得到周遭其他人的建議，或許就能幫助我們完成一百分甚至一百五十分的工作。

許多人都說：「山崎小姐，妳很擅長拜託別人做事情。」

沒錯，我就是工作能力五十分的人。不過回頭想想，過去我曾經借助許多人

工作能力強
自尊心也強

工作能力普通，
但能借助他人的力量

的力量，藉此完成超出自己實力的工作成果。

優秀的工作成果絕不是靠自己一個人獨力完成的。自尊心只會妨礙成長，侷限人生的可能性。

如果想發揮超乎水準的實力，就必須暫且放下自尊，試著傾聽別人的建議。**不要和他人爭鬥，嘗試接受對方**。請務必試著讓別人幫助你吧。

全力發揮擁有的才能

天生我才必有用。以前曾有一個人這麼對我說：

「舉個例子，如果我們每個人出生時都擁有五種才能，那麼山崎小姐，妳擁有的才能比別人少一種，只有四種而已……」

聽到這句話時，我認為對方弄錯了。我很擅長在人前說話、有許多人幫我加油、還出了書、儘管毫無根據依然覺得自己無所不能……最後這項能力可說比別人多出一倍。如此說來，我的才能應該比別人還多一種吧！

不過，朋友接下來又說。

「但是，妳的四種才能通通都發揮出來了不是嗎？很多人即使擁有五種才能，卻沒有全部都用上呢。」

聽到這句話時，我回答：「沒錯，我全部都用上了！」數字只是個比喻，不過我確實很有自信，我所擁有的四種才能——「在人前說話」、「能拜託別人」、「不完美」和「有幽默感，能將危機轉化成歡笑」，在現在的工作上都發揮到百分之百。

各位都有完全運用自己所擁有的才能（長處）嗎？是不是只注意不足的部分，哀嘆自己的無能，拚命努力補強缺陷呢？

你一定擁有自己還未發現的優秀才能。請各位從今天開始嘗試觀察自己，只要做到這件事，你的未來一定會有所改變。

本章總結

1 團隊必須設立共同目標，並適時切換模式。

2 了解自己在團隊中的定位，各自運用自己的長處。

3 認同自己的短處，借助他人之力。

請從下列詞語中選擇5個「最接近現在的自己，最有同感」的關鍵字。請注意挑選時必須誠實，以直覺選擇即可。不要受限於詞語給人的印象，也不要太深思細想。

樂在其中	臨機應變	積極	愛
家人	夥伴	支援	貢獻
誠實	協調	體貼	親切
同理心	信任	溝通	確實
獨立	穩定	忠誠	忍耐
分析	冷靜	戰略	計畫
慎重	責任	正確	正義
知性	精通	核心	感謝

【接著再試試看！】

▶讓上司和同事看看你選擇出來的詞語，請他們給你評語。

▶請上司和同事也選看看，了解他們的差異。

Point **長處和短處都是兩面刃，也是確認團隊內部角色時的指標。**

課題2

找到最接近自己的「關鍵字」！

挑戰	精力	領導能力	夢想
競爭	行動	變化	影響力
成長	名譽	讚賞	決斷
速度	工作	理想	成功
成就	目標	個人魅力	感性
創造	個性	費心	自由
興趣	粗線條	講究	坦率
人脈	開放	特別	表現自我

---------------------- ---------------------- ----------------------

---------------------- ----------------------

各位選擇的5個關鍵字，就是你的行動力來源。可以從這5個詞看出你的長處、志向、價值觀等概念。另一方面，它們的反義詞（相反的詞語）可以說就是你的短處。以團隊方式進行工作時，不妨試著借用周遭其他人的能力。

利用P94找出的關鍵字，更進一步找出你的長處。

Point

發現只有自己或周遭他人知道的長處，人生的可能性就會更寬廣！

課題3

注意自己的「長處」！

A 寫出自己的10個長處。

B 向周遭的人（最少3人）請教你的長處並寫下來。

C 在B的答案中，未與A重複的有哪些呢？

D 在A的答案中，未與B重複的有哪些呢？

C是「你自己還沒發現的長處」，請努力發揮，別再認為它理所當然。反之，D則是「周遭他人還不知道的長處」。碰到能發揮這些長處的工作時，請積極採取行動。

第 4 章

和他人接觸，可以拓展自己的潛能

因人際關係感到疲憊時，其實**在許多情況下，我們都是被自己的「猜測」耍得團團轉**。各位是不是也有這種經驗呢？有時對方只是有點不高興，我們卻覺得自己「是不是被討厭了」，因而向後退縮，保持距離。

在第一章我曾經告訴各位，這世界上一定有我們處不來的人。然而，實在有太多人過早切斷自己的人際關係，我覺得非常可惜。

當我們覺得「這個人好像跟我處不來」時，實際嘗試溝通，或許反而會出乎意料地順利。類似的案例其實很多，從這樣的人際關係中也可能發展出新的機會。更重要的是，**和他人接觸，可以幫助我們成長**。

呃……
今天的行程，
是送估價單去A公司吧。
估價單
但是上次的提案根本沒有效果，
根本是做白工……
下一個
試著打給B公司看看吧！
現在打電話會給他們添麻煩，
還是算了。
上午人家可能很忙。
還有……
客訴的客人那邊，
一定要去道歉不可。
可是，他之前很生氣，
去了會不會只是火上加油啊？

還是算了。
坐下
嗯!
你不去喔?
就算去了也沒有意義啊。
沒用的、沒用的!
你怎麼知道?
稍微想一下就知道啦。
那些全部
都是你的猜測吧?
猜
測
喀嚓

猜測？
只是你心裡這樣想而已，又不是事實。
來，給你！
猜 測
話雖如此…
其實幾乎就是事實啊。
真的是這樣嗎？
猜 測
那……我去試試看好了？
既然妳這麼說了……
嗯，請務必去試試看吧。
叮咚～
我是N公司的高橋。
咔！
驚嚇～
上、上次的事情，真的很抱歉！

哎呀，你還真的來道歉啦？
哇哈哈哈
嗯～
進來喝杯茶吧！
還真是守規矩的年輕人呀！
其實，我們還推出了改良後的新產品。
喔～喔～
談到一筆新合約了！
趁著這股氣勢向A公司提案吧！
還要打電話給B公司！
耶——!!
事實是事實，猜測是猜測。
別用猜測來決定事情，才不會錯失寶貴的機會喔。
猜
測

別被自己的任意猜測耍得團團轉

我們每天都會被各種猜測耍得團團轉。

以下是一位女性公司職員的故事。在同一個單位中，有一位比她大五歲的前輩。這位前輩很會照顧人，會給予後進詳盡的建議且嚴格指導。但不知為何，前輩從來不教她任何東西。不僅如此，也幾乎完全不會主動向她搭話。

有一次，她忍不住產生了這個念頭：

「為什麼前輩總是放著我不管，但對其他人都會提出各種建議呢？前輩是不是討厭我？」

相信各位都有過這種在腦海中自說自話的經驗。但這不過是任意的解釋與猜測，並不是事實。就因為這個負面猜測，她覺得非常沮喪，簡直像是自己被全盤否定一樣。

然而，某次當她鼓起勇氣詢問前輩之後才發現，前輩之所以任由她處理工作，而且不多加出手干涉，其實是因為前輩相當信賴她，認為她是個優秀的後進的緣故。

向對方確認之後，我們才會發現「啊！原來如此！」了解事情原來和自己猜想的不一樣，這種情況出乎意料的多。忍不住在腦中開始猜測時，請先問問自己：「這是事實嗎？還是我的猜想？」

此外，如果可以詢問對方，請試著確認你所想的是不是事實。如果不方便問，也一定要停止猜測，告訴自己：「我不知道這是不是事實，在意也沒有用。」

附帶一提，女性特別有這種容易猜疑的傾向，相信各位理解這點之後，與對方相處的方式應該也會隨之改變。

對方自會決定「YES」或「NO」

我的研習營學生中，有一位從事業務工作的男性。他的工作是向客戶進行電話銷售，經常擔心「對方是不是正在忙？」「我這樣會不會造成他的困擾？」因而遲遲不敢打電話。

當時，我告訴他：**「決定YES或NO的是對方，不是你。」**

打電話給客戶時，先問對方「現在方便嗎？」若是對方正在忙，會告訴你「現在不方便」。接下來只要再找時間打過去就好了。

這個學生在打電話時，內心必然有「害怕聽到NO」的想法。不論是誰，如果不斷地被拒絕都會感到沮喪，並且懷疑「下次大概也會失敗」，甚至恐懼打電話。

然而，這並不是「你的問題」，而是時間點不合，或是銷售的商品、服務不符合對方的需求，有些事情並不是只要努力就能解決的。

如果認為這些NO都是針對我們，內心就一定會感到難受。只要能徹底分開思考這些事項，行動時就不會再感到迷惘，工作也會陸續上門。因為每一個工作的機會都來自「人」。**能巧妙運用情勢的人，不會懼怕與他人碰撞，會自己擴展人脈**。

那位找我商量的業務員聽了我說的「對方自會決定YES或NO」，之後回來告訴我，他學會了切換心情，聽了實在令人開心。

許多人都害怕聽到NO，看似體貼其實卻是顧慮太多，這樣反而讓機會白白溜走。

「對方好像很忙，所以沒約他一起吃飯。」

「我想你一定沒興趣，就沒找你。」

說起來，這些全都是我們的任意猜測。我們想體貼對方，事實上卻是顧慮過多。在這些情境中，請告訴自己對方自會決定ＹＥＳ或ＮＯ，先嘗試問問看。務必先試著接觸對方。

在這裡，我想向各位介紹柳生家的家訓。柳生家曾經擔任德川家的劍術指導，他們的家訓也是我最喜歡的幾句話。

小才遇緣而不知，
中才逢緣而不能用，
大才素昧平生亦能用之。

這段話的意思是：沒有才能的人即使遇到緣分也不會發現；普通人即使遇到緣分也無法善加運用；擁有優秀才能的人，即便只是萍水相逢，也能好好運用這段緣分。

不論是處不來的朋友、客訴對象或客戶，只要主動和對方接觸，許多時候都會有意想不到的進展，或許會就此打開一扇新的大門，這麼好的機會，若是逃避不前就太可惜了。希望各位好好重視周遭的人際關係。不要害怕，試著向前衝，並記住一定要珍惜因此得來的緣分。

回想起來，我也是因為一直都很珍惜身邊的每一段緣分，所以才能有今天的發展。事實上，由周遭他人引介給我的機會與工作，還是比來自遠方的多出許多。

愛是回力棒，必須先主動丟出去

在人際關係中，我總是告訴自己「**要主動出擊**」。

這是因為比起幫助別人，我們更想接受別人的幫助。比起主動搭話，更希望別人向自己搭話，也希望別人能認同自己。但是，我們無法控制對方的行動，因此必須先主動發出訊息。

「**愛是回力棒**」，首先必須主動丟出去。給出去的東西，總有一天會得到回報。尤其是面對處不來的人，相信有許多人無法達成有效的溝通，越是如此，越會陷入互不往來的惡性循環。

正因為處不來，才要主動向對方搭話。我們並不需要和對方談天說地，先試著主動打個招呼就好。只要維持這種程度的互動就可以了，重點是請一定要試著持續搭話。

我擔任兒子小學的家長會會員時，有一位叫阿岩媽媽的委員長。我和阿岩媽媽初次見面的場景非常有衝擊性，至今仍令我記憶猶新。那時，阿岩媽媽對擔任家長會成員的我們怒吼：「這太奇怪了！違反規定！」她說的話確實沒錯，但老實說，當時我只覺得「這個人好難搞喔！」

隔年，阿岩媽媽的兒子和我的兒子編入同一個班級。我在內心「嗚哇」地慘叫了一聲，但也不能不理會她。我主動和她搭話，試著溝通之後，發現她也不是那麼惡劣的人，而且非常努力在做家長會的工作。

不過，阿岩媽媽的模式是一激動就會看不清周遭的狀況，像無頭蒼蠅一樣空轉，這種情形，她自己也有自知之明。

我認同阿岩媽媽的熱情，告訴她：「真的很謝謝妳做了這麼多年志工，沒有幾個人可以像妳做得這麼多。」阿岩媽媽也對我敞開胸懷，接著我勸告她：「妳太拚命了，拚命到跟人吵起來，這樣很不值得。」阿岩媽媽也坦然接受，最後，她對我說：「萬一我又衝動起來，妳要記得阻止我喔。」

接下來，開會時只要阿岩媽媽一激動，我就會勸她：「好了好了，阿岩，妳太激動了。」我們也變成非常好的朋友。

孩子從國小畢業後，當時的媽媽友人幾乎就不再聯絡了，但阿岩媽媽則是一直到現在還和我保持交情的朋友之一。現在，阿岩媽媽還會到我家來幫不擅長收拾的我整理家務。

如果當初我因為覺得阿岩媽媽「好像很難搞」就疏遠她，我們就不會有現在的好交情。人跟人之間，不先來往看看是很難下定論的。

每句話的開頭都要從「YES」開始～「YES&法則」

還有一個能讓人際關係更順利，幫助我們建立互信的重要法則。就是與人對話時，**回應對方的第一個字一定要是「YES」**。

我們與對方意見不同時，常會先說「但是」或「不，話不是這麼說」加以否定，接著發生爭吵。然而，一旦被否定，對方也會覺得「你不願意同理我的心情」、「你不了解我」，而立刻關上心扉。一個人一旦關上心門，想要再次打開是非常困難的。

這時最重要的是，我們不用同意對方，但必須給出「YES」反應，「尊重對方的情緒」，首先請從接受對方的感受開始。

我在英語會話學校工作時，經常接到客訴。客訴的客人不僅難以應付，有些甚至是令人不想接觸的對象，不過，我非常擅長應對客訴，原因就是我巧妙地使用了「ＹＥＳ＆法則」。

有一次，一位學生的媽媽衝到學校來抗議說：「我讓兒子來這裡，結果英文成績一點也沒變好！把錢還給我！」現在的補習班或美體課程有些有可中途解約的制度，但當時只有鑑賞期制度（購買或簽約後只有一定期間內可退費、退貨）。基本上是一次付清半年或一年課程的學費，退費非常困難。因此我必須說服客人。

這時，如果我對這位媽媽說「不，就算這樣我們也沒辦法中途解約」，恐怕她會更生氣吧。

所以我選擇以「ＹＥＳ」回答她的問題，先接納她的感受，告訴她：「您說得對，您一定很期待兒子能學會開口說英文，才從眾多學校中選擇我們，成果卻不如預期，您一定很失望。」請各位注意，這時最重要的是**尊重對方的情緒**，而不是對方的主張是否正確。

接著我又說：「您不是打電話，而是專程跑這一趟，真是謝謝您。」（先開口感謝對方。）

不管對方多生氣，只要聽到「謝謝」，都會覺得：「唔……剛剛我說得太過分了。」這位媽媽也是，聽了我的話後，她的怒氣減退了一些，也稍微敞開了心扉。

這時，我才告訴她——「這位媽媽，其實學習英文，是需要一些時間的。」

我們可以**在接納對方的感受後，再說出正確的事實**。

這是因為，不論我們想說的事有多正確，人都無法在敞開心扉前接納對方所說的話。

「情緒」與「正確事實」

來客訴的客人會成為忠實粉絲

我和前面提到的這位學生媽媽談了半小時，最後她接受了我的意見，改口說：「我知道了，既然都開始學了，那就再繼續一段時間吧。」爽快地直接續了半年約。又說：「既然難得來站前一趟，就從提款機領錢出來付吧。」一口氣付了數十萬日圓的現金之後才回家。之後她還利用「親友介紹專案」，引介她的朋友來上課。

在這個案例中，可看到好好接納對方的感情，確實是與人溝通時非常重要的一環。

客訴有很多不同的種類，不論是什麼樣的內容，都可以使用「YES&法則」。舉例來說，當客人針對商品不良提出客訴時，一定懷抱著「很期待這項商品」、「很想用它卻無法使用，因而感到失望」等情緒。一般狀況下，客人不會直接說出這些感受，只會先發洩怒氣。因此，我們可以先告訴對方：「您一定是非常期待才買下這件商品，很抱歉讓您失望了。」**以YES好好接納客人內心深處的情緒**。客訴的客人可以說是真正的客戶。就像英語會話學校的那位媽媽一樣，有時候來客訴的客人反而會成為你最忠實的粉絲。

本章總結

1 思考時必須區分猜測和事實。

2 愛是回力棒，首先要主動丟出去。

3 在對話開頭用「YES」肯定對方，接納對方的情緒。

讀者之聲2

主動接近，和合不來的上司打好關係

——實踐成果——

玩具大廠企畫・女性・三十多歲

——唉，她今天看起來也是怒氣沖沖的……

我與一位女性上司處不來，這段人際關係曾經令我非常煩惱。我和她曾有約三個月的時間處於劍拔弩張的狀態。

我進入這間玩具製造大廠約十年了，目前在企畫開發部門工作，成員約有十四人。那位女性大約在四年前開始擔任我的直屬部長，她的情緒有很明顯的波動。本來我和她就處得不太好，後來我們的關係發生決定性的惡化，原因在於我提出請調。我長年一直待在同一個部門，因此開始想從事其他部門的工作，但這件事似乎讓部長很不高興。

我們明明坐在附近，她卻用公司內線打給我，訓斥我：「這件事到底怎麼了？妳給我好好報告！」有時還會悄悄走近我的座位觀察我工作，我和男同事說話時她也會不高興。

我知道部長討厭我，因此也很難主動和她搭話，只好和她保持距離，盡量避免接觸。部長察覺我的態度，覺得我「真是個不可愛的下屬」，對我更加嚴厲，我們的關係也因此陷入惡性循環。

我正在煩惱該如何改善狀況時，透過認識的朋友參加山崎小姐舉辦的講座。我是兩個孩子的媽，剛開始本來是因為身為人母而對這個主題有興趣才來參加。結果聽著聽著，我發現「我和部長的人際關係或許也是同樣的道理」。

「**愛是回力棒**」這句話成了我的突破點。愛是必須主動給予的，別在意自己的得失，只要主動付出，一定會得到回報。

我受到這句話的鼓勵，決定主動接近部長，坦誠地面對她。

天底下沒有上司會拒絕主動輸誠的下屬

和處不來的人正面對決需要相當大的勇氣。但是，只要我還在公司工作，就無法和上司切斷關係。

我等待了一陣子，想找適當時機向部長搭話。有一次剛好看到部長獨自一人，我就在這個瞬間走近她，向她搭話。

「部長，我想跟妳談談……」

部長露出充滿戒心的表情。這是幾個月來我第一次向她搭話，事出突然，她當然會驚訝。

「最近我們都沒有好好說話，我可以跟妳聊幾句嗎？」

我沒有被部長僵硬的表情嚇退，開口問她可不可以和我談。

部長是大姊頭個性，喜歡照顧年紀比自己小的人。我和她打交道多年，了解她的模式，特別提醒自己要留意身為部下的立場。我針對自己的態度道歉，也坦白承認自己的工作還有很多不到位的地方，成果不盡理想。

說著說著，剛開始一臉如坐針氈的部長，表情也慢慢緩和下來。

包括閒聊在內，我們談了半小時左右。我已經很久沒有這麼仔細、認真和部長面對面了，最後她還對我說：「一起加油吧。」

我鬆了一口氣，同時也領悟到即使個性再不合，天底下也沒有上司會拒絕主動輸誠的下屬。

之後，我和部長劍拔弩張的關係改善了，工作起來也輕鬆許多。部長也不再因為一些不合理的事訓斥我，我也開始積極和她搭話。

愛是回力棒。我深切體認到自己只要採取一個行動，就可以讓人際關係好轉，也可以讓它惡化。

第 5 章

和自己的情緒好好相處

我們人類會因為感受而行動，是「感動」的動物，受感情驅使。一個人除了自己內心湧出的感情之外，還會受到其他人的感情驅使。

在第1章，我曾告訴各位各種感情模式的差異。在發現模式之後，我們就能學會和自己的感情好好相處。此外，了解人的情緒模式後，就可以自由選擇不被人影響。

在這個章節，我會特別著重於「憤怒」和「失敗時的情緒」。因為工作時，我們常被這兩種情緒玩弄於股掌之間。

我早就跟你說過，要先去打招呼了吧！
你到底在幹什麼啊！
可是部長，你昨天明明就要我先寫報告書……
那個之後再寫就好啦，稍微想一下也知道吧？
低落…
部長現在心情很差啦。
好像是被社長修理了。
我只是按照他的指示做事而已啊……

沒什麼好在意的啦～
我就是很在意嘛！
我老公昨天晚上心情也很差啊！
喂，洋實！
妳這樣晾衣服，會把版型弄壞啦！
我之前也說過了吧。要說幾次妳才懂啊？
T恤要用衣架才對喔！
碎念 碎念
老公啊……
早上我晾衣服時，你明明一聲不吭啊？
天氣真好～♪

也就是說，那件衣服，
白天和晚上都是一樣的狀態。
煩躁
煩躁
是我老公因為自己的情緒，
有時生氣，有時卻不生氣，如此而已。
高橋的工作也是，
一切按照指示辦理。
報告書
煩躁
煩躁
只是部長因為自己的情緒，
有時生氣，有時卻不生氣，如此而已。

生氣是對方的問題。
和高橋你一點關係也沒有。
是這樣嗎!?
清楚區分這兩件事，
部長的問題
就不用被對方的怒氣牽著鼻子走了。
原來如此！
當然不見得全是對方的情緒因素，
有時我們自己也會有錯～

生氣與否是自己的決定

首先，我想先和各位談談「憤怒」這種情緒。憤怒一種是相當大的能量，所以不管是承受的人和發火的人最後都會很疲憊（據說一個人憤怒時會使用平常的四倍能量）。不過，憤怒也是一種非常重要的情緒。有些時候，憤怒甚至可以改變世界，因此請不要認為怒氣都是不好的，希望各位都能學會好好地和它相處。

前幾頁的漫畫中提到，有一天，我和家人一起外出後回家，老公看到晾在客廳的衣服，開始抱怨「不喜歡這件衣服的晾法」。那件衣服從早上開始一直都是那樣晾，但早上他看到時一句話也沒說。沒錯，早上他選擇了「不生氣」，回家後看到同樣的狀況，卻選擇「生氣」。

其實惹他生氣的並不是衣服的晾法，也不是晾衣服的我。那麼，到底是誰讓他發火的呢？

事實上，我們生氣的原因並不在於對方，也不是環境。生氣與否是自己的決定，請一定要記住這點。換句話說，即使在同樣的狀況下，也有生氣和不生氣兩種可能。有些人會生氣，也有些人可以不生氣。

相同的道理，對方之所以會生氣，不是因為你惹他生氣。是對方「擅自」對你的言談舉止或行為產生反應而發怒。有時也可能單純是對方情緒不佳，因而對他人遷怒。

生氣是對方的問題——只要能夠「區別」這點，我們就不容易受到周圍的負面影響。

在這裡，我希望各位能了解我們可以自由選擇如何應對對方的言行。當時的我也可以選擇大聲怒吼：「這麼在意你就自己去晾啊！」不過，當天的我頗為從容，因此我是這樣回答老公的：

「是嗎？原來你很在意那件衣服的晾法啊？（認同對方）早上我手忙腳亂的，下次如果你也可以幫忙我晾衣服，就算幫了我一個大忙囉……（表達想法）」

區別對方的怒氣之後，我們就能改變自己的反應。

憤怒背後的感受

當我們快要氣昏頭時，想要忘記這股怒氣非常困難。不過，只要了解情緒的機制，就能減少不必要的怒氣，成功轉換自己的情緒。只要做到這點，情緒就會大大不同。

接著，我想向各位說明情緒的機制。在心理學中，將憤怒稱為「次級情緒」。也就是說，憤怒不是突然出現的情緒，其背後**一定隱藏著真正的感受，也就是「原始情緒」**。

憤怒背後的原始情緒，是期待、擔憂或悲傷（更仔細區分還會有其他感情）。舉例來說，憤怒背後的想法可能是期待「這種程度應該做得到吧」，或是對「必須從頭再來」感到悲傷。又或者是對方沒有在約好的時間赴約，於是忍不

「原始情緒」和「次級情緒」

住開始擔心「他會不會出了什麼事」等等。

憤怒的背後隱藏著這些感受，因此感到憤怒時，我們該做的不是壓抑怒氣，而是好好重視憤怒背後的情緒。

對某個人感到生氣、煩躁時，請找到怒氣背後的真正感受，例如「會生氣是因為我對團隊成員懷抱期待」、「我覺得自己不被重視所以難過」，並認同這份感受。當我們做到這件事，就能巧妙傳達自己真正的情緒，不會再對對方發飆。

這件事是我就讀高中時，從媽媽的態度中察覺的。

情緒不是用來衝撞別人，而是要好好表達

這是我高中二年級時的事。當時我和一位就讀不同學校的朋友很熱衷地在寫交換日記。

有一天晚上九點過後，我和那位朋友約好要碰面交換日記本。我的家人一直都很早睡，我出門時也會關燈，整個家裡都靜悄悄的。

我偷偷跑出門，見到朋友後回家。整個過程大約只有十五到二十分鐘。

但是，當我回到家時，出門時關上的玄關電燈卻是亮著的。

「糟了！媽起床了，她一定會很氣我在這種時間出門！」我做好被罵的心理

準備，輕輕打開玄關大門。要是被發現，媽媽一定會痛罵：「洋實！這麼晚了妳在幹嘛！」

但是，媽媽的第一句話卻不是我想像的那樣。

媽媽並沒有對我發飆，而是傳達她的情緒，告訴我：「太好了！妳回來了。」當我了解媽是在擔心我之後，也打從心底反省，能坦率向她道歉說：「對不起。」

當時的我正處於青春期。如果媽媽當時對我發飆，我一定會頂嘴說：「囉唆啦！這種事情大家都會做啊！」

憤怒是很難令對方接受的情緒，容易引起反彈。如果我們能傳達出真正的感受，對方就會了解我們很重視他（這也是一種存在認同）。別忘了安全感能讓人積極採取行動。

越是親近，越容易惹人生氣

一個人與我們越親近，就越容易引發我們的怒火。

我想跟各位分享一個情境。請各位想像一下，自己的房間裡有一塊大地毯，因為太大了，所以無法用家裡的洗衣機清洗。地毯已經有一陣子沒清洗了，今天的天氣又很好，於是你特地花了十五分鐘前往遠處的洗衣店，請店家把地毯洗乾淨。

當你正覺得「地毯洗乾淨了，神清氣爽」時，弟弟正好來你家玩。弟弟坐在地毯上，開始喝果汁。下一秒，果汁打翻了。

你會如何反應呢？是不是會對弟弟怒吼說：「你在幹嘛啊！地毯才剛洗過耶！」

然而，如果來到你家的是一位你十分崇拜的名人呢？你一定不會生氣，反而會說「沒關係」，甚至還會關心對方「有沒有弄髒衣服？不要緊吧？」其實，「果汁打翻在地毯上」的事實都是一樣的，如果打翻的人是從小一起長大的弟弟，你就會發火。

我將這種情形稱為「憤怒指數上升（易怒）」。**家人等越親近的人，越容易造成憤怒指數上升，反之，若對方和你越疏遠，憤怒指數就會越低。**

公司也是相同的情形。直屬上司、一起工作的同事、後進等，和你越是親近的人，越容易讓你生氣。原因在於我們會對親近的人抱有較大的「期待」。

我們無法一口氣將怒氣歸零。不過，了解前面所說的憤怒原理後，就可以慢慢減少發脾氣的次數。請各位試著認同憤怒背後隱藏的情緒，提醒自己不要「發洩」怒氣，而是「表達」自己的感受。

時時刻刻保持好心情

在前面的章節，我和各位提過發脾氣是自己決定的。我們無法改變對方的情緒或行動，能改變的只有自己的情緒。這麼說絕對不是叫各位壓抑自我、努力忍耐。而是必須時時重視自己的情緒，讓自己處於不容易生氣的狀態。也就是說，常常讓自己「保持好心情」，就是我們能做到的方法之一。如此一來，我們就會更從容，憤怒指數不易上升，即使感到沮喪，也能很快重振精神。而且也會更有包容力。

所謂的精神指的是「情緒歸零」，為了達成這個目標，我們必須先了解自己的情緒。大家畢竟都是人，一定會有心情好的時候、也有心情不好的時候，但不能指望別人幫你重振精神。

我在感到沮喪，或是想終結不順的時候，就會哄自己開心。我有幾個可以讓自己重振精神的「開關」，譬如說前往美甲沙龍做指甲，或是去買一束美麗的鮮花等。

各位有沒有「幫助自己重振精神」的興趣呢？舉例來說，聽自己喜歡的音樂、讀喜歡的書、品嘗美味的咖啡等，總有些事情是「做了就會開心」的。擁有幾個重振開關，可讓我們及早恢復低落的情緒。

怒氣和壞心情會讓我們遠離人際溝通。或是因此產生失誤，更容易陷入惡性循環。

請好好認同自己的感受吧，越是感到沮喪，越需要巧妙地重振精神。只要你具備這項能力，不僅能在職場上發揮出來，在往後的人生中也會成為你的優勢。

從挫折中振作的三個方法

每個人都會失敗。即使是大聯盟選手鈴木一朗也有打不到球的時候，無論是多優秀的人才，一定都會遭遇挫敗。

遇到挫折時，我們常會因自己的無能而感到沮喪。在這裡，我想和各位分享從這些負面情緒中振作的方法。

（1）讓情緒昇華（認同自己的情緒）

遭遇挫折時，各位是不是會想：「為什麼我會做出這種事情？」一個人在腦海裡不斷自我反省呢？我們常會想著過去發生的事，試圖找出原因。反省當然也是很重要的功課，不過，已經發生的事是不會改變的。

這時，首先請認同自己的情緒，例如「我遇到挫折了，很沮喪」、「工作做不好，我真沒用」。我將這種認同情緒的方法稱為「**情緒昇華**」，越是負面的情緒，越需要好好認同它，將之昇華。

情緒無分好壞。沮喪也不是壞事，這種感受就是會從內心湧出來，我們只要認同它就好。

（2）失敗時不可以問「為什麼？」

不論面對自己或他人，遇到挫敗時，各位是否會責問「為什麼」呢？

事情不順利時，不可以問「為什麼？」

沒有人會故意失敗。即使我們對沒有惡意而遭遇挫折的人責問「為什麼」，但事實上，失敗幾乎都是沒有理由的。這樣的責備只會讓對方停止思考，最後說出一堆藉口。

不要看著過去責問「ＷＨＹ？」我們該思考的是「下次該怎麼做才不會失

敗？」「什麼時候才能成功？」**放眼未來，思考「HOW」才是真正有建設性的解決方法**。

（3）人生只有成功或學習兩條路

還有一個重點，在於我們如何看待已經發生的事。**事實只有一個，但看待它的方式分為正面與負面兩種**。

舉例來說，在重要的場合不小心發生了失誤。

這時，你是要選擇告訴自己「我真沒用」而陷入沮喪呢？或是給自己打氣「這就是我現在的實力，我要再接再厲，希望下次能順利完成」呢？

事實只有一個，如何接受它，才是改變未來的關鍵。

我們無法改變已經發生的事，但可以改變它的意義。

發明大王愛迪生留下了許多成功事蹟，但其實，愛迪生也因失敗次數之多而聞名。並不是每次實驗都能順利完成。

有一天，當助手正在哀嘆實驗失敗時，愛迪生對他說：

「這不是失敗。我們已經成功了解到這個方法行不通了。」

愛迪生教會了我們一個道理，「**失敗就是學習**」。

我們接受事情的方法，可以決定自己未來會以失敗為能量邁向成功，或是陷於低潮，無法發揮實力，就此結束。

除此之外，只從事不過不失的工作，或是採用這種方法度日的人，雖然不會失敗，但也不會成功。會失敗，代表我們曾經挑戰過。請肯定努力挑戰的自己（認同努力過程），不要灰心喪志，繼續加油。

本章總結

1 憤怒背後隱藏著「期待」或「擔心」等真正的情緒。

2 花點功夫讓自己保持好心情。

3 失敗時不要問「為什麼」，別浪費時間，趕緊考慮下一步。

員工士氣上升，獲選為全國模範店

——實踐成果——

家庭餐廳店長・男性・三十多歲

我在家庭餐廳工作已經快二十年了，現在已經不會煩惱該如何和下屬溝通了。不過，剛升上店長時，我們店的營運真的很不順利。

當時，店裡共有十多個店員，我自己非常拚命，但員工離職率很高，即使從頭開始教，還是會有好幾個人在短期內離職。聘用新的店員後，又得從頭開始教育他們。

這時，妻子建議我參加山崎小姐的研習營，她告訴我「雖然這是以媽媽為主題的講座，但我想對你的工作也會有幫助」。

責問對方「為什麼？」只會聽到一堆藉口

打從一開始我就是以「商務」的觀點去聽這場研習。

經過山崎小姐的提點，才發現自己過去有多麼一廂情願。

我開始反省，之所以無法順利營運，是不是因為我和店員溝通不良呢？一直以來我都相信自己的做事方法才是對的，因此當時受到相當強烈的衝擊。

之後，我便開始了「溝通革命」。

我想把在研習營中印象深刻的三個項目實踐在工作上。

1、不問「為什麼？」

2、先用「YES」回應對方（YES&法則）

3、表達「感謝」

首先，我禁止自己問店員「為什麼」，以前我不管發生大小事，總是責問店員「為什麼」。

店員不會做我教過的工作，我會問他們：「為什麼不會？」

店員無法按照我教他的步驟完成，我也會問：「為什麼你要用這種方法？」

我是這間店的負責人，也是工作做得最好的一個。我認為店員聽我的話是理所當然的，也覺得自己確實有些驕傲。

冷靜下來觀察對方的反應之後，我發現責問「為什麼」時，總是得不到自己期待的答案。對方只會陷入「問我我也說不上來」的困惑，或是開始找藉口。如此一來，工作當然不開心，我也很難督促對方成長。

當我發現這個情形之後，店員犯錯時，我會提醒自己別問他們「為什麼」，而是詢問能展望未來的問題，例如「要怎麼改進下次才做得好？」這樣一來，店員就會自己思考、自己查資料，有不懂的地方也會先提問。學習烹調方式等工作的成長速度也有顯著提升。

主動清理廚房，店面整潔光亮

第二件我注意到並實踐的原則，是以「YES」肯定對方的意見與行動。以前我總是單方面強迫對方接受我的意見，一直到這時才改變做法，先接納對方的意見或行動後，再告知能改善情況的建議。

舉例來說，區經理等幹部每個月都會到各店面訪查一次，進行廚房清潔檢查。各個評分項目的滿分是一百分，我的店向來都只拿六十到七十分。當時店員都只是按照我交待的隨便掃一下而已，得到這種分數也是很正常的。

當時，我開始在打掃後一一對店員說「掃得真乾淨！」「謝謝你把這裡擦得這麼亮！」用「YES」肯定對方的行動，接著再說：「不過這邊還差一點，下次希望能再擦乾淨一些。」

重複幾次之後，發生了什麼變化呢？首先，店員們開始會率先打掃了，士氣也隨之提升，打掃得更加認真，進入奇蹟般的良性循環。

結果，後來我的店每次檢查都能獲得九十分以上，店面整潔光亮。

更驚人的是，因為「清潔掃除做得非常好」，全國的區經理等幹部級人員都來我們店裡視察，想知道我們是怎麼打掃的。我想都沒想過自己擔任店長的店會受到全國矚目。店員們也因為自己的努力得到認同而非常開心。

第三個原則是表達謝意。感謝是我們平常就算在心裡想，也很難說出口的話。每次工作結束後，我一定會對每一位店員說：「謝謝你，辛苦了。」打掃時，我也會對他們說：「謝謝你掃得比之前還乾淨。」我想店裡之所以變得這麼乾淨，這句「謝謝」也有很大的效果。我也再次發現，自己的努力有人看見、有人感謝，真的非常令人開心。

小小的行動變化引導出不曾想過的未來

我花了一年時間，時時提醒自己進行三項溝通改革。這些真的都是小事，因此必須強力提醒自己持續做下去。現在的我已經可以在無意識間做到，自己和周遭也產生了相當大的變化。

除了我和店員的關係之外，店員之間的關係也更融洽，店裡的氣氛非常好。員工的離職率大幅下降，現在幾乎沒有人離職，班表穩定，所以我也能好好休假了。

除此之外，公司還認定我是成功改革店鋪的有功者，獲選前往僅有數人能參加的美國研習，得到學習的機會。

老實說，剛開始進行溝通改革時，我根本沒想到會發生這麼大的變化。對這些變化最感到吃驚的，就是我本人。

我所實踐的三種溝通，都是「認同對方的存在」。只要做到這點，人與人的關係就會產生這麼大的變化。

還有一個邁向成功的重點，就是老老實實不斷努力。有志者事竟成這句話的意思，我現在真的深深體會到了。

第 6 章

和現在的自己好好相處

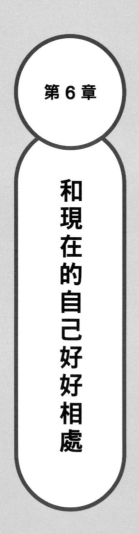

各位記得自己小時候的夢想嗎？足球選手、甜點師傅、太空人、老師……每個人都有不同的夢想，我自己過去曾經很想成為歌手。我非常喜歡松田聖子，認為自己絕對能成為和她一樣的歌手。

不過，儘管拚命追逐過夢想，長大成人，踏入社會後，別說實現美夢了，就連理想都在遙不可及的遠方。有不少人對現狀不滿，又無法妥協，不僅和別人處不好，還開始和自己鬥爭。

並非每個人都能朝夢想邁進，夢想、理想與現實之間有一道鴻溝。在這個章節，我想和各位分享的就是避免迷失方向的訣竅。

工作會占據一天的大半時間。現在這個時代，工作到七十歲也是大有可能。如果這段時間你都在一邊怨嘆「事情不該是這樣」一邊工作，就真的太可惜了！

我想從事的是，
能走向全世界的工作。
這一直都是我的理想。
但現實是，
喀噠
喀噠
喀噠
喀噠
待在小公司裡，
整天被書面作業追著跑……
喀嚓
唉……
我到底在做什麼啊？
轟
我根本就不想做這些工作！

幾年前，我也是這樣想的喔。
咦？
阿洋教練妳也是嗎？
超級崇拜
松田聖子～♫
其實我啊，小時候超想當歌手的！
唔……
我是沒當成松田聖子二代啦。
不過，長大成人後接觸到教練引導，
覺得自己想做的就是這件事！
我的目標是企業教練！
理想
但是那時孩子還小，
我自己也和社會生活脫節！
現實

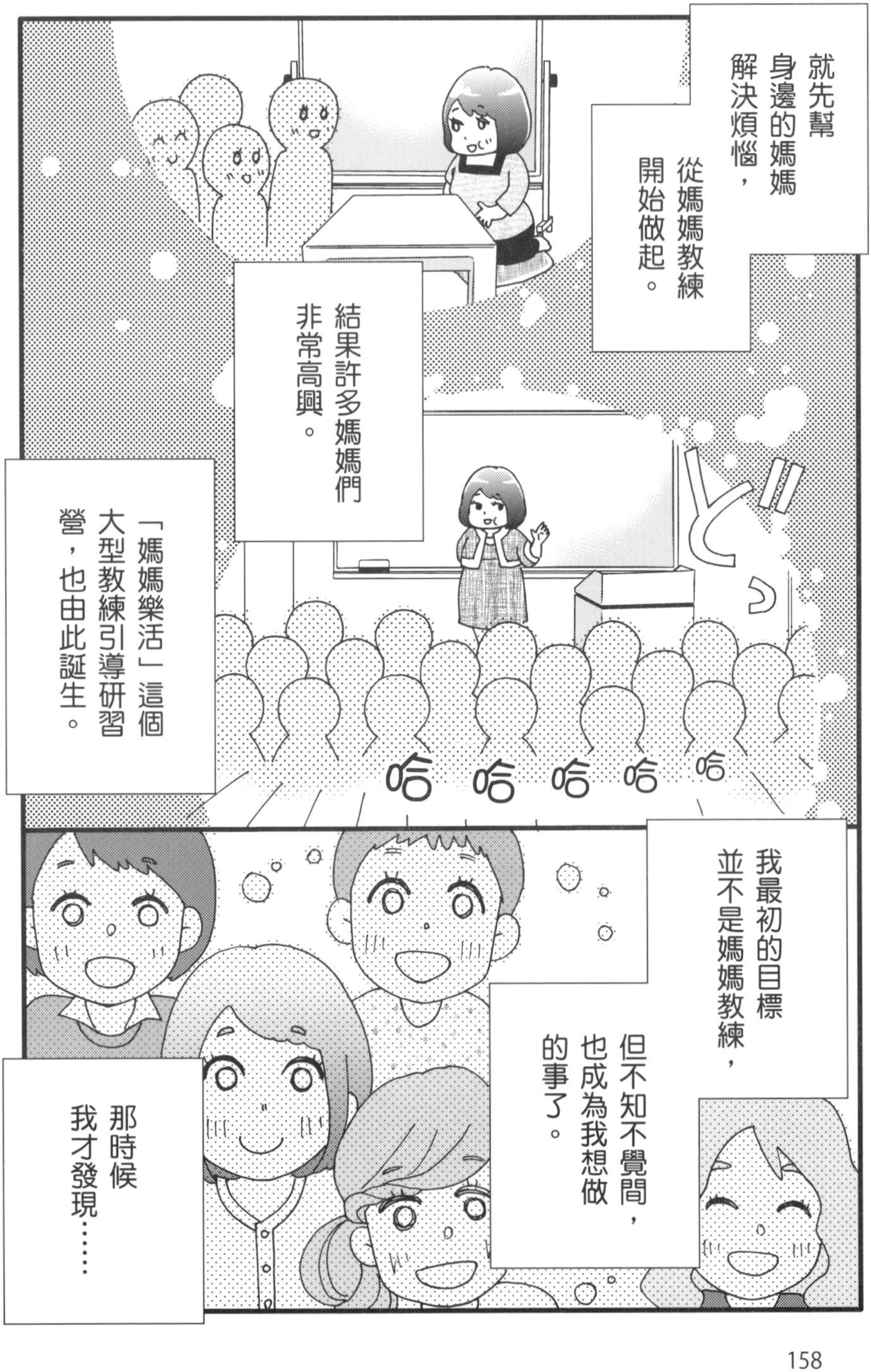
就先幫身邊的媽媽解決煩惱，
從媽媽教練開始做起。
結果許多媽媽們非常高興。
どっ
哈哈哈哈哈
「媽媽樂活」這個大型教練引導研習營，也由此誕生。
我最初的目標並不是媽媽教練，
但不知不覺間，也成為我想做的事了。
那時候我才發現……

啊……
原來，我想做的事，
是用自己的話語，
讓身邊的人感到喜悅。
比起從事什麼工作，
我認為更重要的是，
你在工作中，想達成什麼目標。

或許我只是……
很嚮往那些拚命工作的社會人。
可以做有意義的工作，
真實感受到自己幫了很多人的忙……
如果是這樣的話，
你公司販售的商品在全世界流通，
就幫上很多人的忙了呀。
即使形式不同，
想做的事還是做得到的。
雖然上不了紅白歌唱大賽的舞台，
但我會在研習營會場唱歌喔！
是這樣啊……
我待在這裡，
也能做到嗎……
嗯！沒問題！

嬰兒也不是剛生下來就會跑。
從零開始
看不到未來
累積經驗
做這個
也要做那個
學步期時要半步半步來，這些都是關鍵。
找出專長
和自己的優勢
成功
總有一天
會成為專家！
每個體驗，都會幫助你走向未來。
別以一桿進洞為目標，
要從經驗中找到自己的優勢。

我的目標不是媽媽教練，而是企業教練

有些人可能會覺得現在的工作很無趣，和自己想像的不一樣。其實，十二年前的我也是如此。

接下來我想和各位分享我自己的經驗。前幾頁的漫畫有提到，雖然現在的我人稱「媽媽界的偶像教練」（對不起，我真厚臉皮），但其實我本來想當的是企業教練。老實說，我從來沒想過要當媽媽教室的講師。

我二十幾歲時，有六年時間在大規模英語會話教室工作，最後一年偶然看到招聘進來的外部講師，直覺產生了「我也想當講師」的念頭，這就是我以講師為目標的起點。講師雖然和我小時候夢想成為的歌手不同，但「活躍眾人之前」、「成為注目焦點」、「影響許多人」，這些都是它們共同的本質。因此我非常心動。

之前我對「教練引導」毫無了解，後來才發現「我在英語會話學校學到的溝通方法，其實就是教練的技術」、「原來是因為我在無意識間做到了這點，工作才會那麼順利」，因此開始對教練引導產生興趣。

當我學習企業教練的技術，決定「來開辦研習營吧」之後，馬上就發現自己懷孕了。真是人算不如天算。

生產過後，我無法自由活動，於是先向周遭的媽媽友人搭話，成立育兒社團，擔任社區的終身學習營運委員，從身邊開始進行與他人和社會的互動。

這時，剛好在終身學習課程中有一個招募企業教練、主辦研習營的機會。這個講座非常開心又充實，我看著女性講師講課時活力四射的模樣，忍不住內心躍躍欲試的衝動。

就算只有一點點也沒關係，我想實現自己的願望。於是我舉辦了自己的研習營。當時我完全沒有企業人脈，所以第一次舉辦的教練研習營是以附近的媽媽們為對象。

歷經十一年，確立不拘對象的自成一格派教練引導

我在離家很近的老舊活動中心開辦了一次三百五十日圓的研習營。回想起來，當時我根本沒有自己的話題，授課內容都是照本宣科，非常無趣。

我在狹小的活動中心舉辦小規模活動，而那些活躍的企業教練卻是站在大舞台上演講。看到那些活動範圍越來越廣的同業，我滿心焦急與嫉妒。不過，當時一位朋友給了我至今難忘的建議：「與其一開始就以企業教練為目標，不如先在媽媽界當上第一名，接下來自然就會開闢出新的道路。」

商務人士與媽媽雖然不同，但「活躍眾人之前，對他人造成影響」的工作性質是相同的。這份工作具有讓我愉快的特質，既然要做，我希望將它打造得更貼近自己。

從那時開始，我便透過自己的方式努力，加入現在使用的「歡樂」與「感動」等要素，增添娛樂性，打造出阿洋教練式研習營。

如此一來，好評透過口耳相傳不斷擴散，經過十一年，一些在職場上工作的媽媽委託我「到公司去舉辦研習營」，也有人請我「去老公的公司演講」，我想成為企業教練的夢想也就此實現。

現在的「×」將來可以轉變成「○」

過去的我懷抱著「先在媽媽界當上第一名」的想法，累積經驗，這才確立了自己的特色。找到專屬於自己的教練形式後，不論對方是媽媽還是商務人士，方法都可以通用。能在同一個領域裡列舉自己的實際成果，就是我最大的強項。

換句話說，雖然當時覺得這和我的夢想不一樣，但現在的我認為，當時在小小的活動中心開辦的媽媽講座，或許就是通往夢想的捷徑。反過來說，如果一開始我辦的就是以商務人士為對象的講座，就無法像現在這樣出了好幾本（媽媽系列）著作，或許也不會有機會上電視了。

據說，一個人回首過去時，好事大約會占六成，回想起來覺得「原來發生過這種事」等無關緊要的事占三成，不堪回首的過去占一成。

對我來說，開始媽媽教練時的經歷就是令人討厭的那一成；不過，到了十一年後，它已經算是六成好事之一了。

也就是說，**對我們來說現在是「×」的事情，將來不見得一直都是「×」**。也有可能像我一樣從「×」轉變成「○」。

我在英語會話學校任職時，曾經擔任過祕書。對於我這種喜歡待在人群中心的人來說，祕書這類必須全心全意輔佐一個人的角色其實相當痛苦。

不過，能在全國規模的英語會話學校，從事由近處觀察創業會長的工作，這個經驗對我來說是相當珍貴的資產。我也從中學到不少。在令人討厭的事物中，也會包含少許的「○」成分。

不論是多優秀的米其林廚師，一定也曾經歷過盡做些削芋頭皮等雜事的漫長學徒生活，不過，他們會找到自己的功課，例如「我要把皮削得比誰都乾淨」、

「我要成為削皮削得最快的人」，並且一一通過考驗，持續成長。

即使你認為這項工作沒有意義，還是可以加入自己制定的功課或主題，讓「好討厭」的一成壞事在不知不覺間轉變為「太棒了」的六成好事，我認為這才是人生。

相信各位的人生當中，一定也有經歷過「當時好痛苦，但正因為那件事才有現在的我」這種過去。天下沒有幾個人是在好環境裡和自己喜歡的人做想做的工作。但只要改變自己的看法，著手努力，這些工作就能變成為你帶來成長和幸福的好機會。

將可以和不可以自行控制的事項分開思考

在英語會話學校，從經理到業務人員都以增加學生人數為工作目標。

在那裡工作的六年間我見過許多業務員，和業績出色的人談話時，我發現他們都有相同的心理特質，那就是不到最後關頭絕不放棄，而且不會把錯誤推給別人。在業務會議中，當大家都在抱怨「這個月真糟糕」時，只有他們會說「危機就是轉機！」

能幹的人都有共同的特徵。就是「**不怪罪環境和他人**」。

另一方面，事事不順的人，就會時時嘮叨，抱怨都是別人和環境的錯。舉例來說，因為學校地點太差、學費太貴、講師品質不良……但是，其實大家的條件都是一樣的。在同樣的環境中，有些人可以衝出好業績，有些人做不到。差異就在於「**精神**」。逃避面對自我，抱怨別人和環境，這樣的工作方式比較輕鬆。但是，這種人很難突破現狀。

這世上有些事情是我們可以控制的，另外一些則不能。環境等等事物無法憑藉自己的力量改變，硬是想去控制它只會讓自己痛苦。這時一定要從自己能做的事情開始嘗試，不論是多細微的小事都沒關係。別忘了，我們能改變的只有自己與未來。

想想「現在能做的事」

曾經有一次，我前往一間據說「地點差，業績很難達成」的小分校支援一個月，只花了一星期就達成招生目標。

那間分校已經好幾個月沒有達成目標，職員們都喪失了自信，就像戰績低迷的棒球隊會不斷輸球一樣，大家都放棄了目標，心想「不管怎麼努力都沒用」、「沒辦法，學校地點太差了」。

不過，當我仔細檢視業務，發現除了一般業務停滯不前，該續約的客戶也有許多錯失的情形。因此我首先安排的是主動打招呼，以及向煩惱是否入學的客戶提供諮詢等非常理所當然的工作。不要以地點差為藉口，而是思考「現在能做些什麼」，直接採取行動。

我去支援時備受期待，因此自己也覺得「我要好好做出成績」、「我去了一定能解決問題」，相當有自信。正因為我有這種正面的精神，才能發揮出兩倍的力量。

工作不順，心情鬱悶時，希望各位能找到現在能做的事。我們必須具備自己的觀點，找到具有「〇」屬性的工作。

怪罪別人和公司當然很容易，但這樣完全沒有建設性。即使跳槽，也不保證下一次就能找到順心的工作。不管去哪裡都會碰到合不來的人，天底下本來就沒有一百分的環境，更沒有天堂，因此我希望各位能先想想，為了改善工作環境，你真的已經做了所有自己能做的事情嗎？

我也曾經遇過許多令人難過的事。但我一直告訴自己「想辭職隨時都可以辭」，繼續努力踏出前進的步伐。正因為我如此努力，所以得到許多收穫，更學到許多。現在，我真心認為過去在英語會話學校度過的時間，是我人生的至寶。

先從採取行動開始

在參加講座的學生中，有一位N小姐因為無法調回到自己理想中的工作崗位而鬱鬱寡歡。非常喜歡閱讀的N小姐，後來和公司同事在社群網站上組成社團，分享讀書感想，介紹自己推薦的書籍。透過書籍，她和其他部門的同事建立起關係，雖然在工作上沒有直接關聯，但日後這些同事對她的工作也有所幫助。

如果各位找不到想做的工作，我建議「不管什麼事都先嘗試看看」。

原因在於**經驗可以讓我們看見、了解許多事**。每個人都是不斷累積成功與失敗的經驗，在自己的道路上前進。像N小姐一樣，除了現在的工作，同時透過公司外的活動或私生活探索各種不同的可能，我認為也是不錯的選擇。

最重要的是，別一開始就以一桿進洞為目標，只要一步步接近理想就好。

本章總結

1 你可以讓現在的「×」轉變成未來的「〇」。

2 過去和別人是無法改變的，我們能夠改變的是自己和未來。

3 人可以透過經驗了解適合度。別一開始就以一桿進洞為目標。

請寫出與你自己相關的想法。

在過去參與的工作中最開心、最有趣的是怎樣的工作？理由是什麼？

你認為誰看起來最閃閃發光？理由是什麼？

面臨難關時，你以什麼為靠山？有什麼信念會讓你產生力量？

在第3章中各位已經寫出自己的「長處」。在這裡再次清點過去的經驗後，各位的「核心價值」應該也會浮現出來。請試著用新的觀點，找出現狀中的折衷點或目標。

Point **「核心價值」可以讓期待度、快樂度增加，了解它，你的工作和人生都會更多采多姿！**

課題 4
了解能讓你和自己好好相處的核心價值

回想童年，你是個怎樣的孩子？以前有怎樣的夢想？

在學校喜歡的科目是什麼？理由是？

從雙親、 養育者、 影響你人生的人那裡，你得到了哪些性格特質、思考方式和價值觀？

以這些人為負面教材，你學到了哪些事？

請針對P177各個項目的滿意度或充實度評分，用〇框起數字。滿分為10分。接著，試著寫出你能做些什麼，讓各項目的分數提高1分。

以提高1分為目標，你現在能做到哪些事？

→

→

→

→

→

→

→

Point **了解現在的自己，就能朝理想中的自己踏出一步。**

課題5

思考現在的自己和未來的自己

例如：每天工作繁忙，無法完全掌握世界趨勢。
（學習、自我啟發：滿分10分中得到2分）→試著早上在通勤電車中閱讀報紙。

學習、自我啟發	①	②	3	4	5	6	7	8	9	10

工作、職涯	1	2	3	4	5	6	7	8	9	10	――
玩樂、 空閒	1	2	3	4	5	6	7	8	9	10	――
金錢、 物質	1	2	3	4	5	6	7	8	9	10	――
健康	1	2	3	4	5	6	7	8	9	10	――
家庭、 戀愛	1	2	3	4	5	6	7	8	9	10	――
學習、自我啟發	1	2	3	4	5	6	7	8	9	10	――
人際關係	1	2	3	4	5	6	7	8	9	10	――

後記

在大規模英語會話學校工作時，我認為自己不管到哪個分校都能成功提高業績，也擅長培育下屬，這份工作真是我的天職。不知何時開始，我想要「把經營學校的經驗傳授給別人」。可是，這些經驗對我來說太過理所當然，我覺得自己完全沒做什麼特別的事情，因此完全不知道到底該教些什麼，也不了解用什麼方法教才好。

過了幾年，我偶然看到雜誌上刊登的「教練」資訊，得知這種職業，也開始學習。接著，我才慢慢了解過去自己不管去哪個分校都能創造優秀業績、老師們也都鼎力相助的原因。

沒錯，那些被我視為理所當然的事情，就是教練引導。

過去對用什麼方法傳達什麼內容一無所知的我，終於學會「傳達的技巧」，而在朝成為企業教練的夢想踏出一大步之後，馬上就懷孕了。

當時的我一邊育兒，一邊慢慢持續學習，眼看同時開始學的人一個個都成了活躍的企業教練，真是又嫉妒又焦躁。

當時的我是專職家庭主婦，心想不如先試著向身邊的媽媽友人傳達這些經驗，便開始採取行動。當時是二〇〇四年一月，已經是我成為教練的第三年了。

託各位學生的福，我的講座藉著口耳相傳和支持者的宣傳擴展到全國。出了七本書，相關報導多次刊登在雜誌上，我也完成心心念念的夢想，上了電視節目。當初以企業教練為目標開始學習的我，從距離理想十萬八千里的媽媽教練開始活動，至今邁入第十二個年頭，今年春天也成功在香港、泰國等地舉辦演講。

剛開始擔任媽媽教練的我，憑藉著和學生的緣分，得到在企業舉辦研修時上台演講的機會，雖然繞了點遠路，但最後還是實現了夢想。

回想過去，這十一年間我一直得到許多貴人幫助，也串起許多珍貴的緣分。

這些緣分遠比我自己的努力更重大、更美妙，正因為這些緣分不斷串連，我才能有今天。

我自己的努力實在是微不足道。

我所做的事情，就是本書內寫的這些。

一路走來，我始終非常重視人與人之間的關係。

如此一來，各種機緣都開始轉動，過去只在媽媽們的世界裡活動的我，現在可以在日經ＢＰ出版社出書了。

有許多人都想出書。

我也見過許多參加出版研習營的人。

我在出版現在這本書，以及過去出版媽媽書籍時，都沒有寫過企畫書。

那麼，我是如何出版書籍的呢？其實也是靠著人與人之間的機緣。真的非常感謝藤本幫我和當時在《日經TOP LEADER》銷售部的湊本以及伊藤總編輯串起了緣分。

謝謝伊藤總編輯給了曾是媽媽教練的我出版書籍的機會。也謝謝這次協助編輯的Saiko，我不會忘了自己在半夜打了多少次電話，還有匆忙中到澀谷站月台交付原稿的事情。感謝支援我寫作的Marie。也謝謝Mana巧妙地畫出了本書的世界觀。

最重要的是，本來是媽媽教練的我，能夠寫出第一本商管書籍，都是因為過去參加「媽媽樂活講座」的學生給我的幫助。感謝愛徒Yukki一直溫柔守護並協助我。我對各位的謝意，遠遠超過感謝這個詞所能表達的程度。

我還要真心感謝我的老公和兒子，寫作時即使家中都吃外食、家事也做得混水摸魚，他們仍然守護著我，沒有一句怨言。

對於在茫茫書海中拿起拙作的你，我也要由衷致上深深的謝意。

若是這本書能稍微幫助各位讓人生更加多采多姿，就是我無上的喜悅。

二〇一六年五月　山崎洋實

※文中所述為日文版出版時情況。

國家圖書館出版品預行編目資料

擊敗職場討厭鬼：不戰而勝的柔性溝通學 / 山崎洋實作；劉淳譯. -- 一版. -- 臺北市：臺灣角川，2017.10
面； 公分. --（職場.學；15）

譯自：苦手な人が気にならなくなる本
ISBN 978-986-473-937-0(平裝)

1. 職場成功法 2. 人際關係

494.35 106015063

擊敗職場討厭鬼
不戰而勝的柔性溝通學

原著名＊苦手な人が気にならなくなる本

作　　者＊山崎洋實
插　　畫＊Manami Tsuchiya
譯　　者＊劉淳

2017年10月26日　初版第1刷發行

發 行 人＊成田聖
總　　監＊黃珮君
總 編 輯＊呂慧君
編　　輯＊林毓珊
設計指導＊陳晞叡
印　　務＊李明修（主任）、黎宇凡、潘尚琪

發 行 所＊台灣角川股份有限公司
地　　址＊105台北市光復北路11巷44號5樓
電　　話＊（02）2747-2433
傳　　真＊（02）2747-2558
網　　址＊http://www.kadokawa.com.tw
劃撥帳戶＊台灣角川股份有限公司
劃撥帳號＊19487412
法律顧問＊寰瀛法律事務所
製　　版＊尚騰印刷事業有限公司
I S B N＊978-986-473-937-0

香港代理＊香港角川有限公司
地　　址＊香港新界葵涌興芳路223號新都會廣場第2座17樓1701-02A室
電　　話＊（852）3653-2888